FORSCHUNGSBERICHTE
DES WIRTSCHAFTS- UND VERKEHRSMINISTERIUMS
NORDRHEIN-WESTFALEN

Herausgegeben von Staatssekretär Prof. Leo Brandt

Nr. 136

Dipl. phys. P. Pilz

Über spezielle Probleme der Zerkleinerungstechnik von Weichstoffen

aus dem
Forschungsinstitut der Alexanderwerk AG., Remscheid

Als Manuskript gedruckt

SPRINGER FACHMEDIEN WIESBADEN GMBH

ISBN 978-3-663-03284-7   ISBN 978-3-663-04473-4 (eBook)
DOI 10.1007/978-3-663-04473-4

Forschungsberichte des Wirtschafts- und Verkehrsministeriums Nordrhein-Westfalen

Gliederung

Vorwort . . . . S. 5

A. Über die Zähigkeit feinzerkleinerter Fleischmassen . . . . . . S. 8
    I. Versuchsanordnung . . . . S. 8
    II. Versuchsdurchführung . . . . S. 10
    III. Ergebnisse . . . . S. 11

B. Theorie der Schneckenförderung zäher Flüssigkeiten . . . . . . S. 15
    Übersicht über die verwendeten Formelzeichen . . . . S. 16
    I. Allgemeine Grundlagen . . . . S. 17
    II. Die vereinfachte Schneckengleichung . . . . S. 18
    III. Zweidimensionale Geschwindigkeitsverteilung . . . . . S. 26
    IV. Veränderliche Gangtiefe und Steigung . . . . S. 27

C. Der Schneidvorgang in der Zerkleinerungstechnik von
Weichstoffen . . . . S. 30
    I. Einleitende Bemerkungen und Definitionen . . . . S. 30
    II. Schneidarbeit und optimaler Schnittwinkel . . . . . . S. 32
    III. Versuchsdurchführung und Meßergebnisse . . . . S. 35
    IV. Diskussion . . . . S. 38

Zusammenfassung . . . . S. 40
Literaturverzeichnis . . . . S. 42

Forschungsberichte des Wirtschafts- und Verkehrsministeriums Nordrhein-Westfalen

Vorwort

Unter Weichstoffen werden im Folgenden Stoffe vornehmlich tierischer und pflanzlicher Herkunft verstanden, die durch eine Reihe charakteristischer Eigenschaften gekennzeichnet sind. Diese sind u.a. verhältnismäßig leichte Verformbarkeit, Makro- bezw. Zellstruktur, hoher Wassergehalt sowie eine gewisse Zerreißfestigkeit, für die z.B. beim tierischen Skelettmuskelfleisch, dessen fibrilläre Struktur verantwortlich ist. Auf Grund ihrer Mittelstellung zwischen den niedrig viskosen Flüssigkeiten mit im allgemeinen sehr geringem Formänderungswiderstand und den festen Stoffen, die in diesem Zusammenhang als praktisch nicht verformbar angesehen werden, erfolgt ihre Zerkleinerung in der Hauptsache durch Schneidvorgänge.

Als Beispiele für typische Weichzerkleinerungsmaschinen seien der Fleischwolf (Scherenschnitt, Abb. 1a u. b) und der sogenannte Kutter (Fleischschneidemaschine mit horizontal umlaufender Mulde und darin vertikal rotierendem Sichelmessersatz, Abb. 2) genannt. Beide Maschinen zeigen im Prinzip einen seit etwa achtzig bezw. fünfzig Jahren unveränderten Aufbau. Grund dafür könnte es sein, daß sie in ihrer Gesamtwirkungsweise bereits das Optimum erreichen, das von ihnen überhaupt erwartet werden kann. Grundsätzlich ist andererseits ihre Weiterentwicklung unter Beibehaltung jeweils der charakteristischen Maschinenelemente (z.B. beim Wolf: Schnecke und Schneidsatz) durchaus denkbar. Zur Beurteilung, ob und welche Möglichkeiten in dieser Hinsicht gegeben sind, ist es erforderlich, den jeweiligen Zerkleinerungsvorgang mit den Methoden der Verfahrenstechnik zu analysieren. Dazu gehören sowohl die Kenntnis der für die Zerkleinerung maßgebenden Stoffeigenschaften (wie z.B. die Scherfestigkeit des Zerkleinerungsgutes) als auch die quantitative Übersicht über den Ablauf der mechanischen Vorgänge in der Zerkleinerungsmaschine selbst, also etwa eine "Fleischwolfgleichung", in der Durchsatzleistung, Drehzahl, Druck etc. sowie die geometrischen Abmessungen (Schnecken- und Schneidsatzdaten) und schließlich auch "Stoffwerte", die die Materialeigenschaften des zu zerkleinernden Stoffes kennzeichnen, miteinander in Beziehung gebracht sind. Es liegt auf der Hand, daß erst eine derartige quantitative Übersicht über die Funktion einer Zerkleinerungsmaschine für Weichstoffe, wie sie bisher in keinem Fall gegeben ist, den Konstrukteur in die Lage versetzt, Maschinen mit optimalem Wirkungsgrad zu entwerfen, und von teilweise umstrittenen Werkmeisterüberlieferungen unabhängig zu werden. Ferner

Forschungsberichte des Wirtschafts- und Verkehrsministeriums Nordrhein-Westfalen

A b b i l d u n g 1a
Automatischer Fleischwolf mit selbsttätiger Zuführung;
Schneidsatzdurchmesser 22o mm

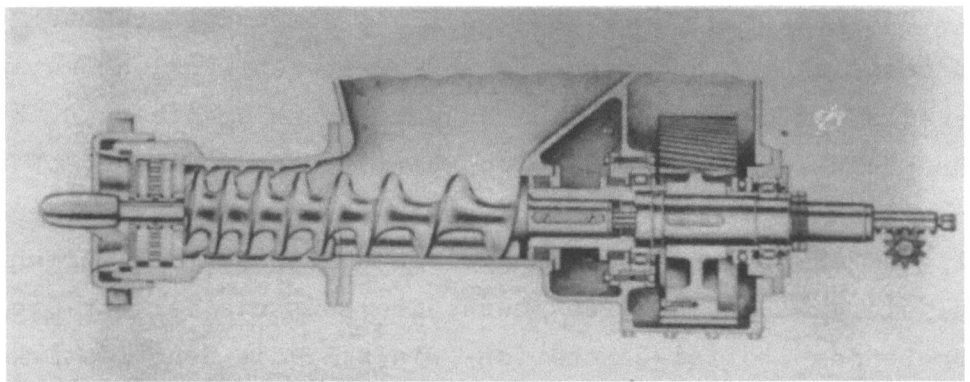

A b b i l d u n g 1b
Schnitt durch Schnecke und Schneidsatz des Wolfes
nach Abbildung 1a

sind von einem tieferen Einblick in die Wirkungsweise der z.Zt. gebräuchlichen Maschinen neue Erkenntnisse zu erwarten, auf Grund deren u.U. neuartige Verfahren zur Zerkleinerung von Weichstoffen gefunden werden könnten.

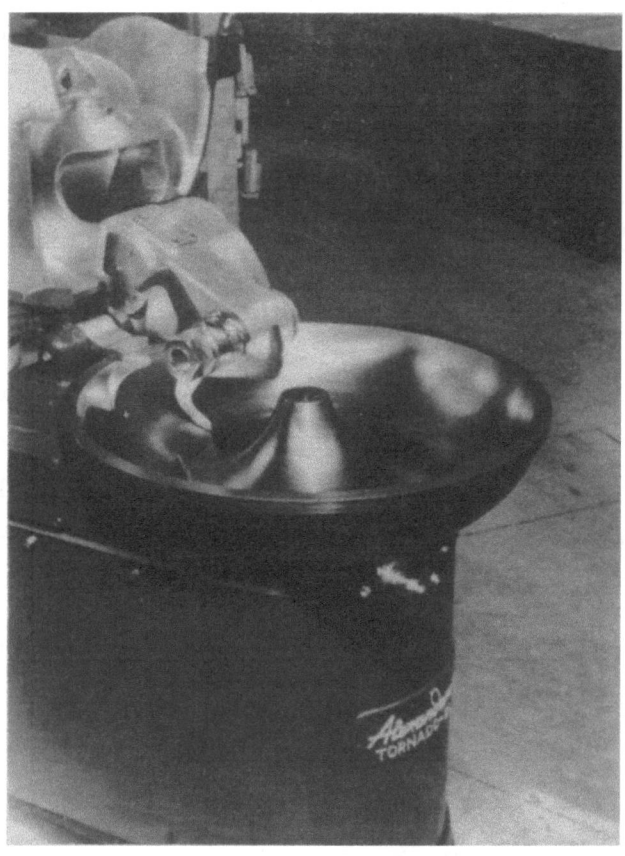

Abbildung 2
Kutter mit 40 l Schüsselinhalt

Für die Lösung der Aufgabe, Berechnungsgrundlagen von Weichzerkleinerungsmaschinen zu ermitteln, ist es demnach zunächst erforderlich, das Zerkleinerungsgut selbst auf seine mechanischen Eigenschaften zu untersuchen. Als Beispiel wird im Abschnitt A über die Untersuchung des Zähigkeitsverhaltens feinzerkleinerter Fleischmassen (= "Bräte") verschiedener Konsistenz berichtet. Die bekannten Maschinen zur Weichzerkleinerung sind in vielen Fällen mit einer Transportvorrichtung ausgerüstet (z.B. Wolfschnecke), deren Aufgabe es ist, das Gut unter Aufbau eines gewissen Druckes dem eigentlichen Schneidsatz zuzuführen. Abschnitt B dieses Berichtes gibt als Beispiel den Ansatz einer Theorie des Schneckentransportes.

Schließlich werden im Abschnitt C einige für den Schneidvorgang an Weichstoffen maßgebenden Zusammenhänge entwickelt und auf experimentelle Beispiele angewendet.

Für die Unterstützung, die die Inangriffnahme dieser Arbeiten ermöglicht hat, sei dem Wirtschaftsministerium des Landes Nordrhein-Westfalen an dieser Stelle besonders gedankt.

A. Über die Zähigkeit feinzerkleinerter Fleischmassen

I. Versuchsanordnung

Unter den physikalischen Stoffeigenschaften, die für die Funktion von Zerkleinerungsmaschinen von Bedeutung sind, spielt die Zähigkeit eine wesentliche Rolle. Z.B. hängt von ihr der beim Schneckentransport im Fleischwolf sich ausbildende Druckanstieg in der Förderrichtung der Schnecke ab. Näheres dazu siehe Abschnitt B.

Bekanntlich wird die Viskosität der sogenannten Newton'schen Flüssigkeiten durch eine einzige Konstante (η) charakterisiert nach der Beziehung

$$(1) \qquad \tau = \eta \cdot \frac{dv}{dr}$$

die für den Fall laminarer Strömung gilt.

Bei den meisten kolloiden Lösungen und insbesondere bei hochpolymeren Substanzen besteht jedoch keine derartige lineare Beziehung zwischen Scherkraft τ und Geschwindigkeitkeitsgefälle $\frac{dv}{dr}$. Will man das Zähigkeitsverhalten solcher Stoffe quantitativ erfassen, so muß man die Funktion

$$(2) \qquad \tau = f\left(\frac{dv}{dr}\right)$$

in einem möglichst großen Bereich der unabhängigen Variablen $\frac{dv}{dr}$ ermitteln. Die graphische Darstellung einer solchen Formel (2) nennt man Fließkurve. Hier genügt also nicht die Angabe einer einzigen Konstanten (das würde bedeuten, daß die Fließkurve eine Gerade durch den Nullpunkt ist), um die Zähigkeit einer Substanz festzulegen.

Wie sich gezeigt hat, gehört gekuttertes Fleisch zu den Substanzen mit ausgesprochen nicht-Newton'schem Verhalten im obigen Sinne. Aus einer großen Anzahl Fließkurven, die von Bräten mit variablem Fett- und Wassergehalt gemessen wurden, sind die Funktion (2) und ihre Abhängigkeit vom Fett- und Wassergehalt in dem $\frac{dv}{dr}$-Bereich ermittelt worden, der mit den zur Verfügung stehenden Versuchsanordnungen zugänglich war.

Zur Ermittlung der Fließkurven an Bräten mit höherem Wassergehalt - also relativ geringerer Viskosität - diente ein Rotationsviskosimeter (Strömung zwischen einem ruhenden und einem konzentrisch rotierenden Zylinder) nach Hatschek-Couette[1], Abbildung 3.

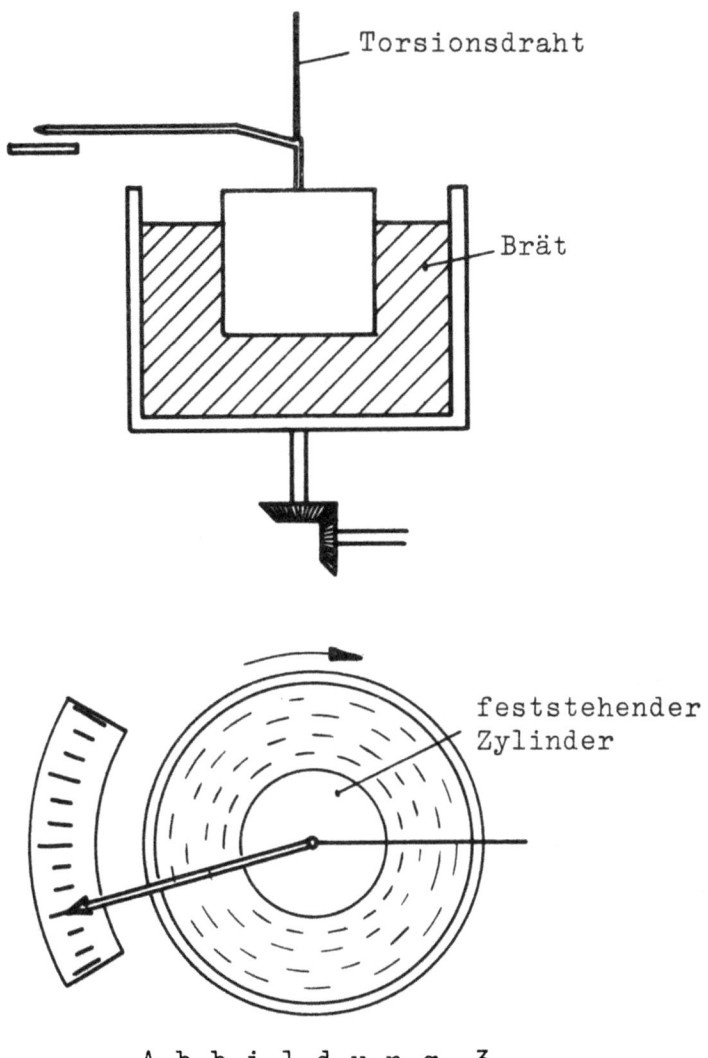

Abbildung 3
Prinzip des Rotations-Viskosimeters

Für die Untersuchung der wasserarmen Bräte wurde ein nach dem Prinzip des Höppler-Konsistometers[2] arbeitendes Gerät verwendet, dessen Aufbau in Abbildung 4 schematisch dargestellt ist. Hierbei ist die Sinkgeschwindigkeit der kreisförmigen Probefläche in der Untersuchungssubstanz ein Maß für die Zähigkeit.

Während aus den mit dem Rotationsviskosimeter erhaltenen Meßwerten in bekannter Weise das Geschwindigkeitsgefälle $\frac{dv}{dr}$ und die Scherkraft τ errechnet wurden, erfolgte die Eichung des Konsistometers mit Substanzen definierter Viskosität.

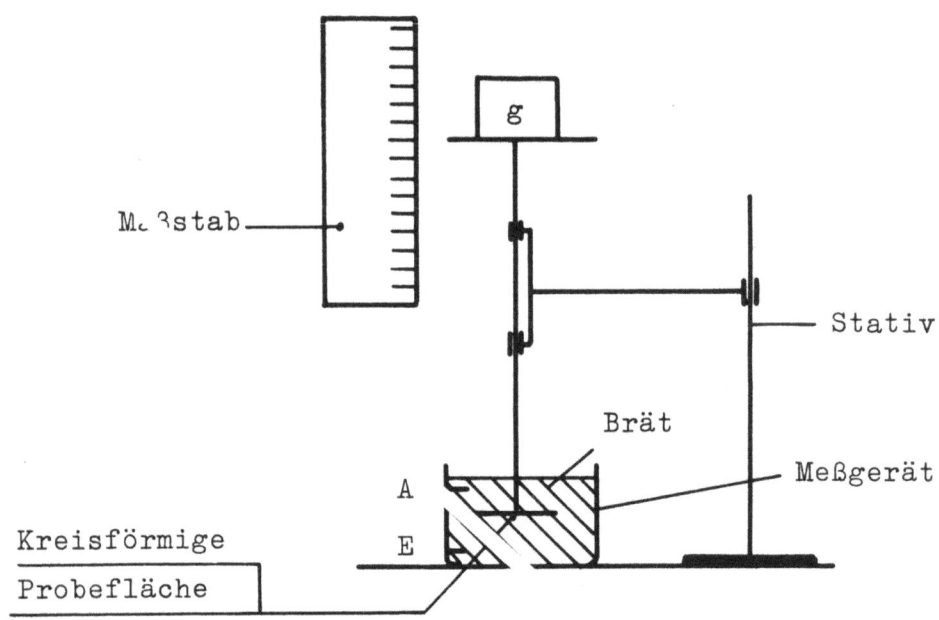

Abbildung 4

Zur Erläuterung der Funktion des Konsistometers

II. Versuchsdurchführung

Von den im Fleischwolf zerkleinerten Ausgangssubstanzen (Skelettmuskelfleisch und fetter Speck) wurden Wasser- und Fettanalysen durchgeführt, danach Fleisch und Fett mit einem Zusatz von 3 % NaCl zunächst ohne Wasserzugabe in einem Kutter verarbeitet, und von diesen fremdwasserfreien Bräten Fließkurven gemessen, nachdem zur Kontrolle wieder Fett- und Wassergehalt bestimmt worden waren. Anschließend wurde Wasser portionsweise (etwa 1o - 6o % bezogen auf die Endmenge) dazu gekuttert und wie oben verfahren.

Folgende Bräte sind in dieser Weise untersucht worden:

1. nur Rindfleisch mit Fremdwasserzusatz o - 58 %, Fettgehalt in Trockensubstanz 6 - 12 %,
2. 4 Teile Rindfleisch und 1 Teil Speck, dazu Fremdwasser o - 46 %, Fett i.Tr. 38 - 42 %,
3. 1 Teil Rindfleisch, 1 Teil Schweinefleisch und 1 Teil Speck, Fremdwasser o - 5o %, Fett i.Tr. ungefähr 6o %.

Insbesondere bei den Konsistometermessungen zeigte sich eine erhebliche Abhängigkeit der Meßwerte von der mechanischen Vorbehandlung der Substanz. Ein solches Verhalten ist nach PHILIPPOFF charakteristisch für die "zerstörten Gallerte"[3]. Um dennoch zu vergleichbaren Resultaten zu kommen, wurden jeweils die ersten acht bis zwölf Messungen nicht gewertet. Danach stellte sich im allgemeinen eine zeitliche Konstanz der Meßwerte ein, falls die Zeit zwischen zwei Messungen nicht größer als 1 bis 2 Minuten war.

III. Ergebnisse

1. Rotationsviskosimeter

Folgende Größen werden unmittelbar gemessen:

    a) ν = Zahl der Umdrehungen des Außenzylinders pro sec.
    b) φ = Torsionswinkel des Innenzylinders.

Daraus berechnet man die in (2) eingehenden Werte für die Schubspannung τ und das Geschwindigkeitsgefälle $\frac{dv}{dr}$, wobei laminare Strömung und ein räumlich konstantes Geschwindigkeitsgefälle vorausgesetzt sind. Diese Annahmen sind unter Berücksichtigung der Eigenart der untersuchten Substanzen weitgehende Vereinfachungen. Insbesondere bei den wasserarmen Bräten wurde häufig ein Gleiten an den Grenzflächen Fleisch - Metall beobachtet, weshalb das Konsistometer bei den meisten Bräten Anwendung fand.

Stellt man die in der oben angegebenen Weise ermittelten Werte für τ in Abhängigkeit von $\frac{dv}{dr}$ in doppelt logarithmischem Maßstab graphisch dar, so bekommt man für jedes Brät einen annähernd geradlinigen Verlauf, wobei die Neigungen der Geraden für die verschiedenen Bräte nahezu gleich sind. Daraus folgt:

$$\log \tau = n \cdot \log \frac{dv}{dr} + \log k_{RV}$$

worin n = Tangens des Neigungswinkels der Geraden gegen die Abszisse und $\log k_{RV}$ der Ordinatenwert für $\frac{dv}{dr} = 1$ ist.
Man erhält also

(3) $$\tau = k_{RV} \left(\frac{dv}{dr}\right)^n$$

Für n ergab sich $1/7 \leq n \leq 1/5$.

Wegen der Definition $\eta = \dfrac{\tau}{\frac{dv}{dr}}$ gilt

(4) $$k_{RV} = \eta\left(\frac{dv}{dr} = 1\right) = \eta_1$$

Die mit dem Rotationsviskosimeter erhaltene Konstante k_{RV} gibt also für das Geschwindigkeitsgefälle 1 sec^{-1} unmittelbar den konventionellen Zähigkeitswert an.

2. Konsistometer

Hier sind g = Kraft auf die Probefläche in pond (Kraftgramm)
und t = Zeit$_{A-E}$ (sec)
die unmittelbar gemessenen Größen, woraus
$\dfrac{g}{F}$ = p = Druck auf die Probefläche in pond/cm^2 und
v = AE/t cm/sec abgeleitet werden.

Hierbei tritt also an die Stelle von τ der dazu proportionale Werte p und an die Stelle von $\dfrac{dv}{dr}$: v.

Wie beim Rotationsviskosimeter wurde auch hier gefunden

(5) $$p = k \cdot v^n$$

mit ebenfalls $1/7 \leqslant n \leqslant 1/5$.

k erhält man durch Aufsuchen des Wertes p für v = 1 cm/sec in der Fließkurvendarstellung (Beispiel siehe Abb. 5).

Aus der Eichung des Konsistometers ergab sich
$$\eta_1 = 42{,}0 \cdot k \text{ Poisen} \pm 8\,\%$$

Damit ist es möglich, auch mit dem Konsistometer Zähigkeiten absolut zu messen. Die Abbildung 5 ist ein Beispiel der obenerwähnten Fließkurvenübersichten und zwar für Bräte, die nur aus Rindfleisch und Wasser hergestellt wurden. Die Rezepte, Analysen und aus dieser Übersicht ermittelten Werte k dieser Bräte sind aus der Tabelle 1 ersichtlich.

Abbildung 6 zeigt für alle drei Brätsorten den Konzentrationsverlauf von k bzw. η_1 (d.h. Abhängigkeit vom Gesamtwassergehalt). Dabei bezeichnen die linken Endpunkte der Kurven den fremdwasserfreien Zustand, die rechten liegen in einem Bereich, der das maximale Wasserbindungsvermögen des jeweiligen Brätes anzeigt. Wie man sieht, sind die fettärmeren Bräte bei gleichem Wassergehalt zäher als die fettreicheren.

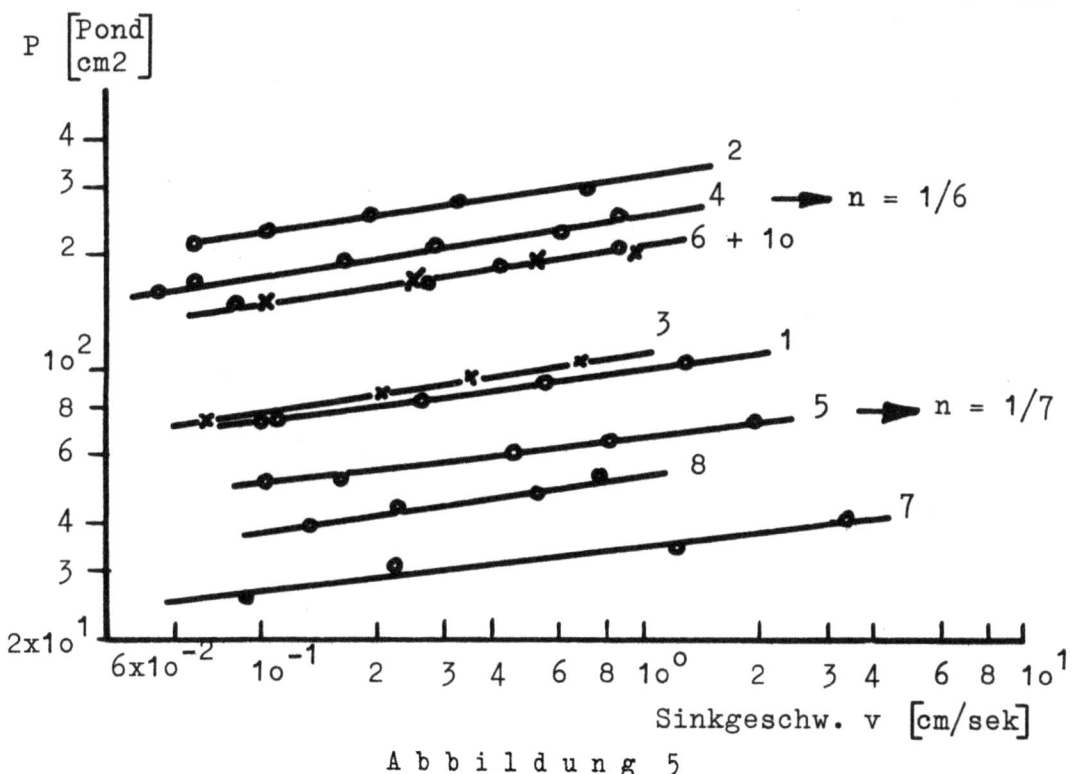

Abbildung 5

Fließkurvenübersicht zum Konsistometer

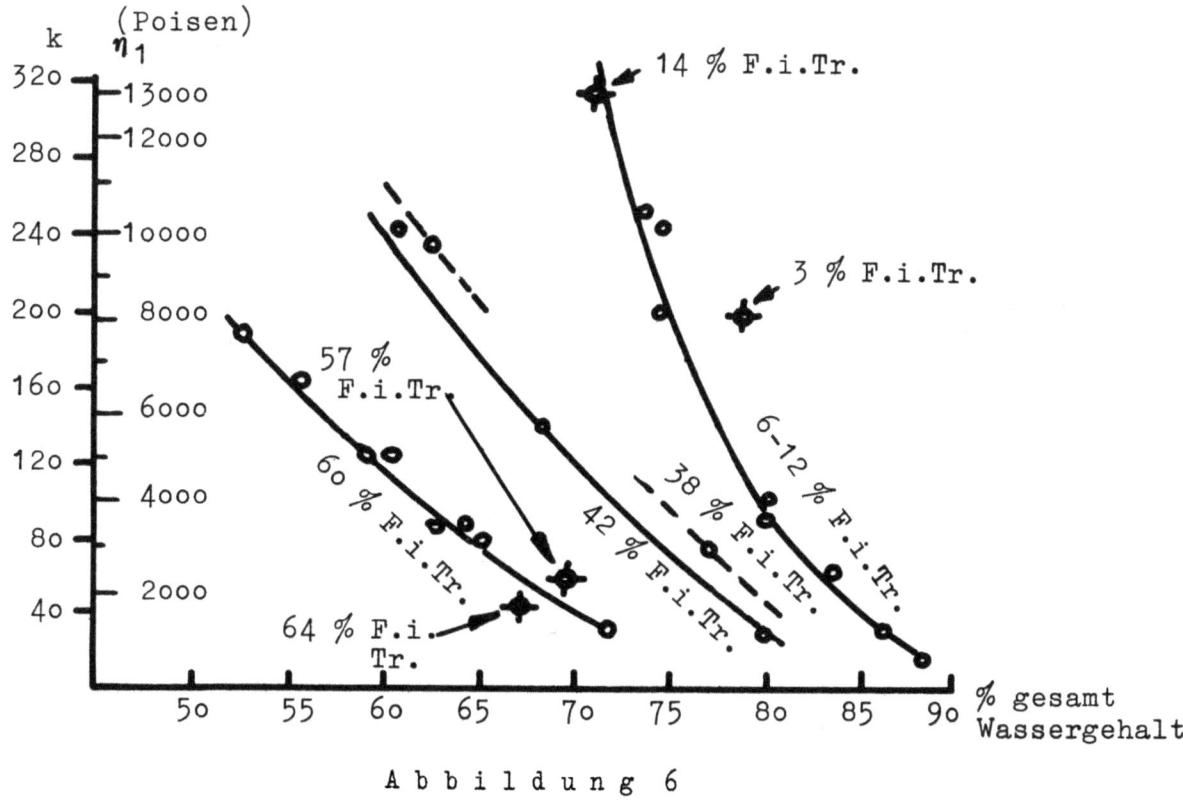

Abbildung 6

Konzentrationsabhängigkeit der Viskosität von gekuttertem Fleisch

Tabelle 1

Zur Fließkurvenübersicht der Abbildung 5

Brät Nr.	Rezept	Eigen-wasser %	Gesamt-wasser-gehalt %	Fremd-wasser %	Fett i.Tr. %	k	η_1 Poisen	Meßmethoden
1	3 Tle.R.Fl. 1 Tl. H$_2$O	72,5	80,4	28,7	7,2	96	4030	
2	nur R.Fl.	72,0	72,0	-	13,6	306	12085	
3	2,5 Tle.R.Fl. 1 Tl. H$_2$O	72,0	80,4	30,0	13,6	104	4370	
4	6 Tle.R.Fl. 1 Tl. H$_2$O	71,5	75,3	13,3	10,4	245	10300	Konsistometer
5	3 Tle.R.Fl. 2 Tle. H$_2$O	71,5	83,5	42,0	10,4	65,3	2740	
6	4 Tle.R.Fl. 1 Tl. H$_2$O	73,7	78,7	19,0	3,0	204	8600	
7	1 Tl.R.Fl. 1 Tl. H$_2$O	73,7	86,5	48,6	3,0	33	1390	RV+Konsistometer
8	9 Tle.R.Fl. 1 Tl. H$_2$O	72,0	74,8	10,0	6,6	250	10500	Konsistometer
9	2 Tle.R.Fl. 3 Tle. H$_2$O	72,0	88,4	58,5	6,6	~9	378	RV
10	5 Tle. Fl. 1 Tl. H$_2$O	71,1	75,0	13,5	11,0	204	8600	Konsistometer

In den Angaben für den Eigenwassergehalt des Rindfleisches sind bereits 3 gr. NaCL je 100 gr. Fleisch mitberücksichtigt, um so aus Eigenwasser (E) und Gesamtwassergehalt (G) den Fremdwassergehalt (F) nach

$$F = \frac{G - E}{100 - E} \cdot 100 \, \%$$

berechnen zu können.

Die teilweise erhebliche Streuung der Meßpunkte wird bedingt:

a) durch Einstellfehler der Meßapparatur,
b) durch die Heterogenität des Versuchsmaterials,
c) durch Schwankungen im Fettgehalt i.Tr.

Da eine Fettanalyse 6 - 8 Stunden dauert, war es nicht möglich, nach den Analysenergebnissen den Fettgehalt in Trockensubstanz durch evtl. Zugaben für jede Brätsorte völlig gleichbleibend zu halten.

Als wesentliches Ergebnis ist die Tatsache zu werten, daß für das Zähigkeitsverhalten feinzerkleinerter Fleischmassen in einem Fließgeschwindigkeitsbereich von etwa 0,05 - 4 cm/sec die de Waele - Ostwald'sche Beziehung

$$(5) \qquad p = k \cdot v^n$$

erfüllt ist. (5) bedeutet natürlich nur eine durch das Experiment ermittelte Interpolationsformel und nicht ein Naturgesetz, wie z.B. das Newton'sche Gesetz der inneren Reibung $\tau = \eta \cdot \frac{dv}{dr}$ als mathematischer Ausdruck des Impulstransportphänomens. Die gleiche Größenordnung des Exponenten $n \approx 1/6$ ist von HALLER[4] in einer Untersuchung über das Fließverhalten von Kasein - Gelen gefunden worden. HALLER gibt für n Werte zwischen $\frac{1}{4,8}$ und $\frac{1}{6,3}$ an. Wegen $\eta \sim \frac{p}{v}$ bedeutet das ganz allgemein, daß die Zähigkeit mit zunehmender Fließ- bzw. Deformationsgeschwindigkeit v ungefähr proportional $\frac{1}{v^{5/6}}$:

$$(6) \qquad \eta \approx \frac{1}{v^{5/6}}$$

abnimmt, eine Stoffeigenschaft, die im folgenden Abschnitt B ausgewertet wird.

B. Theorie der Schneckenförderung zäher Flüssigkeiten

Für die Formgebung und Dimensionierung der Schnecke im Fleischwolf existieren bisher außer einigen z.T. noch unvollkommenen Erfahrungsgrundsätzen keine präzisen Anhaltspunkte oder Formeln, die die Berechnung der Schnecke ermöglichen. Das Problem der Bewegung des zu transportierenden Gutes in der Schnecke ist ein Problem der Rheologie, da man das vorzerkleinert in den Wolf gegebene und bereits von der Schnecke bearbeitete

Fleisch als eine rheologische Masse auffassen muß, d.h. als eine Substanz, für deren mechanisches Verhalten Eigenschaften wie die Zähigkeit, Plastizität usw. wesentlich kennzeichnend sind. Deshalb ist in diesem Fall der Vergleich des Transportvorganges in der Schnecke mit dem eines geführten Mutterstückes auf einer Spindel irreführend und nicht zulässig. Denn im Fleisch treten während des Transportes Deformationen und Geschwindigkeitsgradienten auf, für die es in dem Bild Mutterstück mit Spindel keinen Analogen gibt. Will man jedoch den Fleischtransport in der Schnecke als Aufgabe der Rheologie exakt berechnen, also Formeln ermitteln, in denen Durchsatz, Druckanstieg und Leistungsbedarf in Beziehung gesetzt sind mit der Drehzahl, Form und Größe der Schnecke (z.B. Steigungswinkel, Gangvolumen, Gangtiefe), so muß man dazu die hydrodynamischen Grundgleichungen mit den durch die Oberfläche von Schnecke und Schneckenmantel gegebenen Randbedingungen lösen. Die Lösung dieser Aufgabe in voller Allgemeinheit erfordert einen großen mathematischen Aufwand und würde bereits für Newton'sche Flüssigkeiten zu sehr unübersichtlichen und unhandlichen Formelausdrücken führen; unter Berücksichtigung der mechanischen Eigenschaften von Fleisch ist eine strenge Lösung praktisch nicht möglich. Es wird daher im Folgenden eine vereinfachte Theorie der Schneckenförderung entwickelt, aus der bereits wesentliche Schlüsse auch für den Fleischtransport gezogen werden können.

Verwendete Bezeichnungen

- b = lichte Weite eines Schneckenganges in Richtung der Schneckenachse
- D = Schneckendurchmesser
- e = Flankenstärke in Richtung der Schneckenachse
- h = Gangtiefe der Schnecke
- L = Schneckenlänge
- ν = Schneckendrehzahl pro Zeiteinheit
- Δp = Druckdifferenz von einer Seite einer Schneckenflanke zur anderen
- ΔP = gesamter Druckanstieg entlang der Schnecke
- Q = Durchsatz in Volumeneinheiten pro Zeiteinheit
- Q_M = Mitführungskomponente
- Q_P = Rückflußkomponente im Schneckenkanal

Forschungsberichte des Wirtschafts- und Verkehrsministeriums Nordrhein Westfalen

Q_{Sp} = Rückflußkomponente durch den Spalt zwischen Schneckenflanke und -mantel

t = Schneckensteigung = b + e

U = Umfangsgeschwindigkeit der Schnecke bzw. des Mantels bei ruhender Schnecke

U_L = $U \cdot \cos \varphi$ = Komponente von U in Richtung der Achse des Schneckenkanals

V = $\pi \cdot Dh \cdot (t-e)$ = Gangvolumen der Schnecke

$\mathfrak{w}$ = örtliche Geschwindigkeit eines Flüssigkeitsteilchens

v = $\mathfrak{w}_z$ = örtliche Geschwindigkeit eines Flüssigkeitsteilchens in der positiven z-Richtung

x = Koordinate in Richtung senkrecht zur Gangtiefe und Kanalachse

y = Koordinate in Richtung der Gangtiefe, y = 0 am Kern, y = h am Gehäuse

z = Koordinate entlang der Achse des Schneckenkanals, zunehmend in Förderrichtung

δ = radiale Spaltweite zwischen Schneckenflanke und Mantelfläche

λ = Koordinate entlang Schneckenachse, zunehmend in Förderrichtung

η = Viskosität

φ = Steigungswinkel der Schnecke = arctg $t/\pi D$

I. Allgemeine Grundlagen

Die Möglichkeit, Flüssigkeiten mit Schneckenvorrichtungen gegen einen gewissen Überdruck zu fördern, beruht auf dem Vorhandensein der inneren Reibung und der Tatsache, daß die unmittelbar der Gefäßwandung benachbarte Flüssigkeitsschicht an dieser Wandung haftet. In einer Flüssigkeitsschicht der Dicke h zwischen zwei parallelen Platten, von denen die eine feststeht und die andere mit der Geschwindigkeit U_L bewegt wird, bildet sich ein Fließgeschwindigkeitsfeld gemäß Abbildung 9 (Seite 22) aus. Hierbei ist das Geschwindigkeitsgefälle $\frac{dv}{dy} = \frac{U_L}{h}$ und die von einer Platte auf die andere ausgeübte Scherspannung (= Scherkraft pro Flächeneinheit)

(1a) $$\tau = \eta \cdot \frac{U_L}{h}$$

Zur besseren Veranschaulichung des Strömungsverlaufes im Schneckengang stellt man sich die Schnecke festgehalten vor, während der Schneckenmantel rotiert; der Fördereffekt ist so im wesentlichen der gleiche wie bei den in der Praxis gegebenen Verhältnissen mit rotierender Schnecke. Lediglich bei extrem hohen Drehzahlen, die hier außer acht gelassen werden können, gilt diese Gleichheit in der Gesamtwirkung nicht. Für die folgende Betrachtung ist also die Schnecke als Bezugssystem gewählt.

Aus Abbildung 7 entnimmt man das bei Rotation des Schneckenmantels im angegebenen Sinn sich im Prinzip einstellende Fließbild. Die in der Grenzschicht Schneckenmantel-Flüssigkeit befindlichen Flüssigkeitsteilchen werden in Pfeilrichtung mitgeführt, bis sie auf eine Schneckenflanke treffen. Dort werden sie in der angedeuteten Weise abgelenkt und bewegen sich so auf einer Schraubenbahn im eigentlichen Schnecken-"Kanal".

Es ist zweckmäßig, diesen in einer Schraubenbewegung erfolgenden Flüssigkeitstransport in zwei Komponenten zu zerlegen:

den longitudinalen Mitführungsanteil Q_M in Richtung der Kanalachse (Pfeilrichtung U_L in Abb. 8) und

den transversalen Anteil Q_T in der Ebene senkrecht zur Kanalachse (Pfeilrichtung U_T).

Fördert die Schnecke gegen eine gedrosselte Austrittsöffnung, so bildet sich ein Druckanstieg in der Förderrichtung aus, d.h. entgegen der Förderrichtung ist ein Druckgefälle gegeben. Dieses Druckgefälle ist verantwortlich für eine Transportkomponente Q_P entgegen der Förderrichtung, da ganz allgemein eine Flüssigkeit immer von Stellen höheren Druckes zu Stellen niederen Druckes fließt. Schließlich ist noch eine vierte Fließkomponente zu berücksichtigen: der ebenfalls dem genannten Druckgefälle folgende Rückfluß Q_{Sp} durch die unvermeidlichen Spalte zwischen den Schneckenflanken und der Gehäuseinnenfläche. Da der transversale Fluß zum Transport insgesamt nichts beiträgt, gilt demnach:

$$(7) \qquad Q = Q_M - Q_P - Q_{Sp}$$

II. Die vereinfachte Schneckengleichung

Man denke sich den Schneckenkanal aufgerollt, so daß die Oberfläche des Schneckenkernes und die Gehäuseinnenfläche in parallelen Ebenen mit dem Abstand $h + \delta$ liegen, Abbildung 8. Es wird nun vorausgesetzt, daß

1. $h \ll b$
2. $h \ll D/2$ sei.

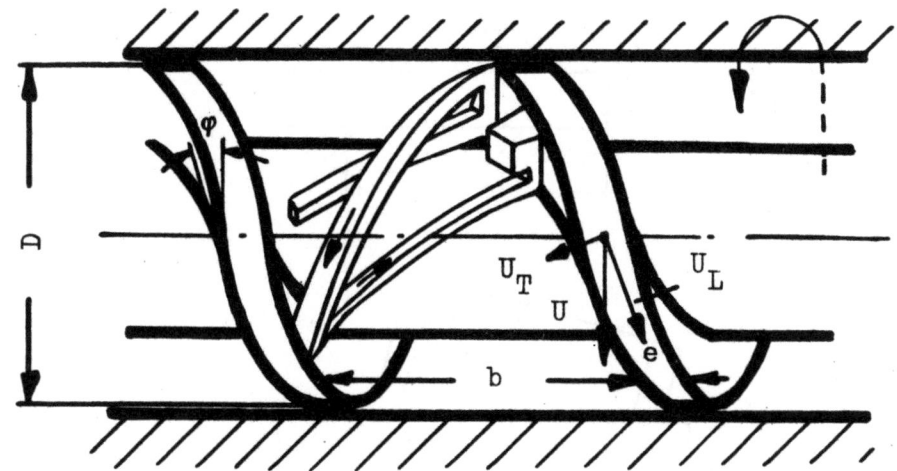

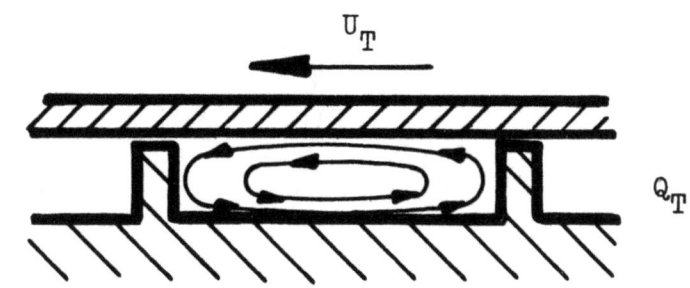

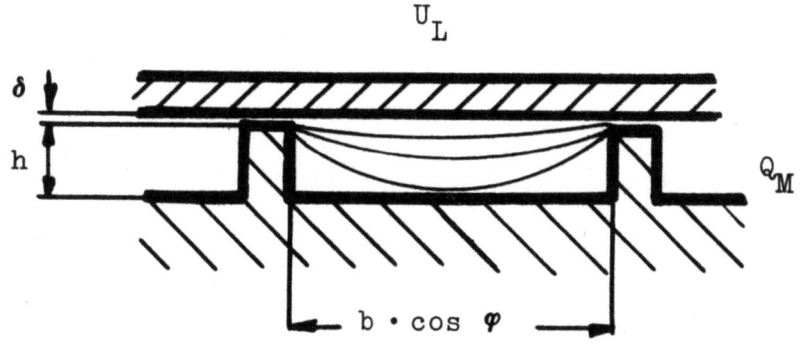

Abbildung 7

Fließbild bei rotierendem Schneckenmantel und festgehaltener Schnecke

Dann enspricht die geradlinige Bewegung mit der Geschwindigkeit U (Abb. 8) der oberen Platte bei feststehender unterer Platte näherungsweise der bei rotierender Schnecke gegebenen Relativbewegung Schnecke-Gehäuse. Ferner werden zur Vereinfachung noch folgende Annahmen getroffen:

3. P ist eine reine Funktion von z und unabhängig von x und y. Das heißt,

Forschungsberichte des Wirtschafts- und Verkehrsministeriums Nordrhein-Westfalen

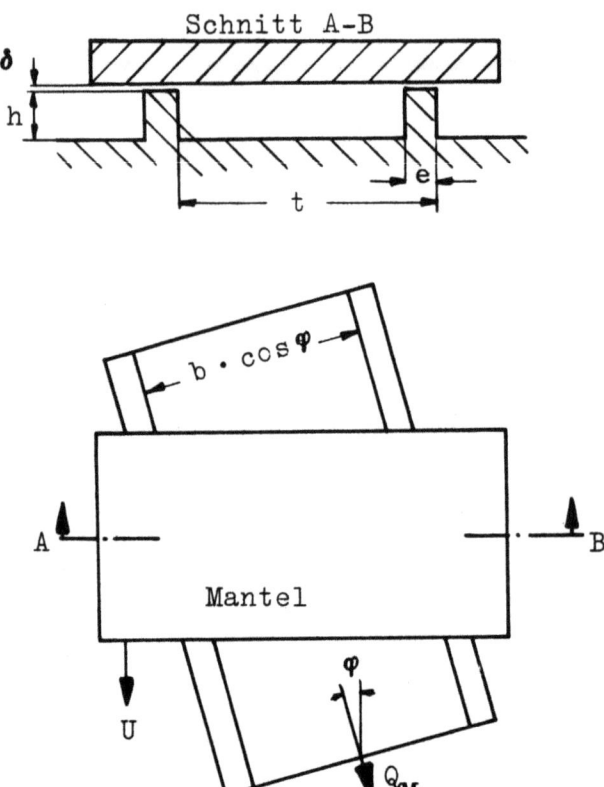

Abbildung 8

Zur Ableitung der vereinfachten Schneckengleichung

in einer zur Kanalachse senkrechten Ebene existieren keine Druckunterschiede.

4. Die Trägheitskräfte in der strömenden Flüssigkeit sind gegenüber den Reibungskräften vernachlässigbar klein, so daß in der Navier-Stock'schen Gleichung

$$(8) \qquad \varrho \frac{\partial w}{\partial t} + \varrho \, (w \, \text{grad}) \, w = - \text{grad} \, p + \eta \, \Delta \, w$$

die linke Seite verschwindet.

Schließlich wird der Rückfluß Q_{S_p} zunächst nicht berücksichtigt, da er im allgemeinen nur einen kleinen Bruchteil der Anteile Q_M und Q_P ausmacht. Wegen der Voraussetzung 3. und 4. vereinfacht sich Gleichung 8 zur linearen Differentialgleichung

$$(9) \qquad \frac{\partial^2 v}{\partial x^2} + \frac{\partial^2 v}{\partial y^2} = \frac{1}{\eta} \frac{dP}{dz}$$

Die Lösung dieser Gleichung ist 1868 von BOUSSINESQ[7] angegeben worden, sie ist verhältnismäßig kompliziert und mathematisch schwierig zu handhaben. Es wird weiter unten noch auf sie eingegangen. Die Lösung wird dagegen sehr einfach unter Berücksichtigung von Voraussetzung 1. Sie besagt, daß der Einfluß der senkrechten Wände des Schneckenkanals auf die Geschwindigkeitsverteilung ebenfalls vernachlässigbar klein sei. Das bedeutet mit anderen Worten, daß auf unser Problem der Spezialfall der Strömung zwischen unendlich ausgedehnten parallelen Platten anwendbar ist. Der durch diese Vereinfachung entstehende Fehler ist in der Tat, wie sich gezeigt hat[5], bei Schnecken mit geringer Gangtiefe klein; falls $h \leq b/10$ ist der Fehler kleiner als 10 %.

Die Differentialgleichung für die eindimensionale Geschwindigkeitsverteilung $v(y)$ entsteht aus (9) mit

(10) $$\frac{d^2v}{dy^2} = \frac{1}{\eta} \frac{dP}{dz}$$

Zweimalige Integration liefert

(11) $$v = \frac{U_L}{h} \cdot y + \frac{(y^2 - hy)}{2\eta} \cdot \frac{dP}{dz}$$

Darin sind die Integrationskonstanten bereits entsprechend den Randbedingungen eingesetzt. An der Gehäuseinnenfläche ($y=h$) ist $v = U_L$; am Schneckenkern ($y=0$) gilt $v=0$, (Abb. 9).

Der erste Term in Gleichung (11) entspricht dem Strömungsanteil Q_M, der zweite dem Rückfluß Q_P. In Abbildung 9 ist dargestellt, wie sich aus beiden Anteilen die Gesamtströmung ergibt. Ihre Ermittlung erfolgt durch Integration über den Kanalquerschnitt:

$$Q = \int v b \cos\varphi \, dy$$

$$Q = b\cos\varphi \int \left[\frac{U_L}{h} \cdot y + \frac{(y^2 - hy)}{2\eta} \frac{dP}{dz}\right] dy$$

(12) $$Q = \frac{1}{2} b\cos\varphi \, U_L \cdot h - \frac{1}{12\eta} b\cos\varphi \, h^3 \frac{dP}{dz}$$

Gleichung (12) formt man zweckmäßig unter Verwendung einiger Beziehungen aus der Geometrie der Schnecke um. Es gilt:

$$U_L = U\cos\varphi = \pi D \nu \cos\varphi$$

$$b = t - e$$

$$dz = \frac{1}{\sin\varphi} d\lambda$$

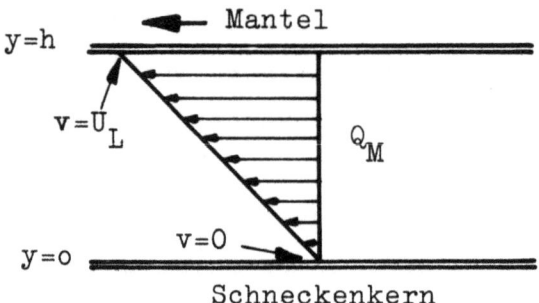

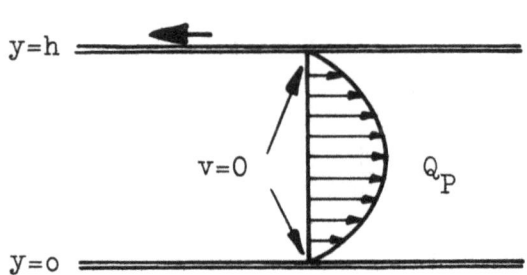

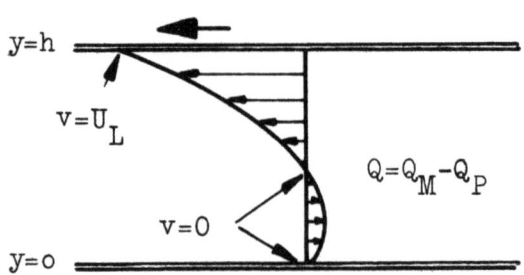

Abbildung 9
Superposition von Q_M und Q_p zu Q

Man erhält

(13) $\qquad Q = \dfrac{\pi}{2} Dh (t-e)\cos^2\varphi \cdot v - \dfrac{1}{12\eta} h^3 (t-e)\sin\varphi\cos\varphi \dfrac{dP}{d\lambda}$

Wegen der Inkompressibilität der Flüssigkeiten muß außer der Differentialgleichung (1o) auch:

(14) $\qquad \operatorname{div} \vec{v} = \dfrac{dv}{dz} = 0$

erfüllt sein. Daraus und aus (11) folgt

$$\dfrac{d^2P}{dz^2} = 0; \; P = \text{const} \cdot z$$

Forschungsberichte des Wirtschafts- und Verkehrsministeriums Nordrhein-Westfalen

wobei für z = 0 (Schneckenanfang) P = 0 gesetzt ist. P nimmt also entlang der Schnecke linear mit z bzw λ zu, und es folgt für $\frac{dP}{d\lambda}$ in Gleichung (13)

$$\frac{dP}{d\lambda} = \frac{\Delta P}{L}$$

Damit sind die Strömungskomponenten Q_M und Q_P ermittelt:

(13a) $$Q_M = \frac{\pi}{2} Dh(t-e)\cos^2\varphi \cdot \nu$$

(13b) $$Q_P = \frac{1}{12\eta} h^3 (t-e) \sin\varphi\cos\varphi \frac{\Delta P}{L}$$

Der Ausdruck für die Rückströmung durch die Flankenspalte der Schnecke Q_{S_p} ist analog Q_P zusammengesetzt. Beide Strömungen beruhen auf einem Druckgefälle; an die Stelle des rechteckigen Kanalquerschnittes Abbildung 8 tritt der schraubenförmige Ringspalt mit der Dicke δ. Es genügt dabei, einen Schneckengang zu betrachten, da ja die Strömung durch jeden Querschnitt senkrecht zur Schneckenachse gleich ist. Die entsprechenden Daten entnimmt man aus Abbildung 10. Es entspricht der

    Gangtiefe h: die Spaltdicke δ
    Kanallänge $L/\sin\varphi$:   die Spaltlänge $A_1 - B = e \cdot \cos\varphi$
    Kanalbreite $(t-e)\cdot\cos\varphi$:   der Ringspaltumfang über einen Schneckengang $= \pi D/\cos\varphi$

Mithin wird

$$Q_{S_p} = \frac{\pi D \delta^3}{12\eta e \cos^2\varphi} \Delta p$$

mit Δp = Druckdifferenz von A_1 bis B. Diese Druckdifferenz Δp ist durch ΔP auszudrücken. Dazu berechnet man zunächst das Druckgefälle $\Delta p'(A_2 - C)$; voraussetzungsgemäß herrscht bei A_2 der gleiche Druck wie bei A_1:

$$\Delta p' = \frac{\Delta P}{\text{Gangzahl}} = \frac{\Delta P}{\frac{L}{t}} = \frac{\pi D \, \text{tg}\varphi \, \Delta P}{L}$$

und es ergibt sich, da P proportional λ:

$$\Delta p = \Delta p' \frac{\frac{\pi D}{\cos\varphi} - \pi D \, \text{tg}\varphi \sin\varphi}{\frac{\pi D}{\cos\varphi}}$$

$$= \Delta p' \cdot \cos^2\varphi$$

Forschungsberichte des Wirtschafts- und Verkehrsministeriums Nordrhein-Westfalen

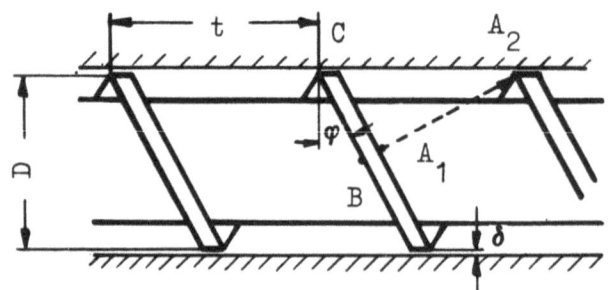
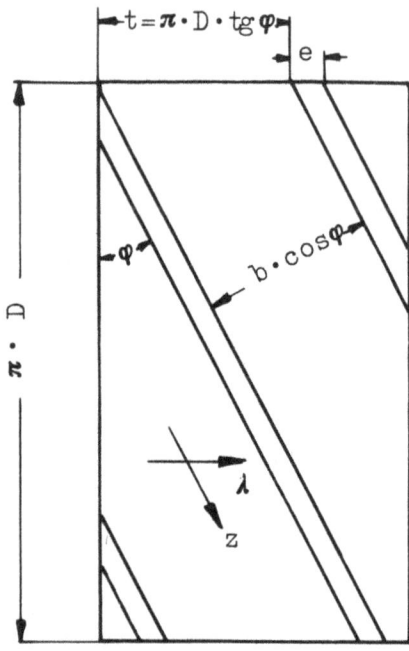

Abbildung 10
Zur Ermittlung von Q_{S_p}

$$\Delta p = \pi D \, \mathrm{tg}\,\varphi \cos^2\varphi \cdot \frac{\Delta P}{L}$$

und es folgt

(13c) $$Q_{S_p} = \frac{\pi^2 D^2 \delta^3 \mathrm{tg}\,\varphi \Delta P}{12 \eta e L}$$

Zur Auswertung der Formeln (13a - c) faßt man die darin enthaltenen Schneckendaten zweckmäßig zu Kenngrößen zusammen, die jeweils für die Fördereigenschaften einer bestimmten Schnecke kennzeichnend sind. Das in einem Schneckengang enthaltene Gangvolumen V ist:

$$V = \pi D h (t-e)$$

Damit wird (13a)

(14) $$Q_M = \frac{1}{2} \cos^2\varphi \, V \cdot \nu$$

Forschungsberichte des Wirtschafts- und Verkehrsministeriums Nordrhein-Westfalen

Man definiert das bei freier, ungedrosselter Förderung der Schnecke ($\Delta P = 0$) pro Umdrehung geförderte Flüssigkeitsvolumen:

(15) $$E = \frac{Q_M}{\nu} = \frac{1}{2} \cos^2\varphi \, V = \frac{\pi}{2} Dh \, (t-e) \cos^2\varphi$$

Die Kenngröße E ist die "Ergiebigkeit" einer Schnecke[6]; sie ist kennzeichnend für ein bestimmtes Schneckenprofil und, wie die Rechnung ergeben hat, unabhängig von der Schneckenlänge L.

In der Praxis wird die Schneckenförderung am Gehäuseausgang durch irgendeine Vorrichtung gedrosselt, z.B. durch den Schneidsatz beim Wolf. Nach Maßgabe dieser Drosselung stellt sich der Druckanstieg ΔP in der Förderrichtung ein. Der Druckanstieg ΔP_0 bei völlig verschlossener Austrittsöffnung, also bei $Q = 0$, führt zur Definition einer zweiten Schneckenkenngröße S[6], dem "Druckbildungsvermögen". Seine Berechnung erfolgt mit den Gleichungen (7) und (13a-c) für $Q = 0$:

(7a) $$0 = Q_M - Q_P - Q_{S_p}$$

$$\frac{\pi}{2} Dh(t-e)\cos^2\varphi \, \nu = \frac{1}{12\eta} h^3(t-e)\sin\varphi \cos\varphi \frac{\Delta P_0}{L} + \frac{1}{12\eta e} \pi^2 D^2 \delta^3 \, \text{tg}\varphi \frac{\Delta P_0}{L}$$

$$\Delta P_0 = 6 \cdot \nu \eta L \cdot \frac{\pi Dh(t-e)\cos^2\varphi}{h^3(t-e)\sin\varphi \cos\varphi + \frac{1}{e} \pi^2 D^2 \delta^3 \, \text{tg}\varphi}$$

S sei definiert durch:

$$\Delta P_0 = S \cdot \nu \eta L$$

dann folgt

(16) $$S = \frac{6 \pi Dh(t-e)\cos^2\varphi}{h^3(t-e)\sin\varphi \cos\varphi + \frac{1}{e} \cdot \pi^2 D^2 \delta^3 \, \text{tg}\varphi}$$

Unter Verwendung der Kenngrößen E und S entsteht aus Gleichung (7):

(17) $$Q = E \cdot \nu - \frac{E}{S \eta L} \Delta P$$

Zur Elimination von ΔP muß in die bisher ausschließliche Betrachtung der Schneckenförderung die Strömung durch das abschließende Gehäusemundstück (speziell beim Wolf: durch den Schneidsatz) einbezogen werden. Bei einer Newton'schen Flüssigkeit ist das pro Zeiteinheit durch das Mundstück fliessende Volumen:

(18) $$Q = k \cdot \frac{\Delta P}{\eta}$$

Die Konstante k hängt von der Geometrie der freien Mundstücköffnung ab. (18) in (17) eingesetzt ergibt

(19) $$Q = \frac{1}{\frac{1}{E} + \frac{1}{SLk}} \cdot \nu$$

Man entnimmt der "Schneckengleichung" (19):

1. Der Mengendurchsatz ist proportional der Schneckendrehzahl ν und
2. unabhängig von der Zähigkeit η des Bearbeitungsgutes.

Damit ist die "Schneckengleichung" gewonnen, die es gestattet, aus der Kenntnis der Schneckendaten und somit der charakteristischen Kenngrößen E und S den Flüssigkeitstransport pro Schneckenumdrehung vorauszuberechnen.

III. Zweidimensionale Geschwindigkeitsverteilung

Die für die obige Ableitung geltende Voraussetzung h≪b trifft insbesondere bei Wolfschnecken nicht zu. Vielmehr gilt bei diesen etwa $0,5 \leq h/b \leq 0,8$; ferner ist das Schneckenprofil nicht rechteckig, Abbildung 11. Es muß also auch die Abhängigkeit der Fließgeschwindigkeit v von x ermittelt werden. Wie bereits erwähnt, hat BOUSSINESQ[7] die Lösung für die zweidimensionale Geschwindigkeitsverteilung v(x,y) der Differentialgleichung:

(9) $$\frac{\partial^2 v}{\partial x^2} + \frac{\partial^2 v}{\partial y^2} = \frac{1}{\eta} \cdot \frac{dP}{dz}$$

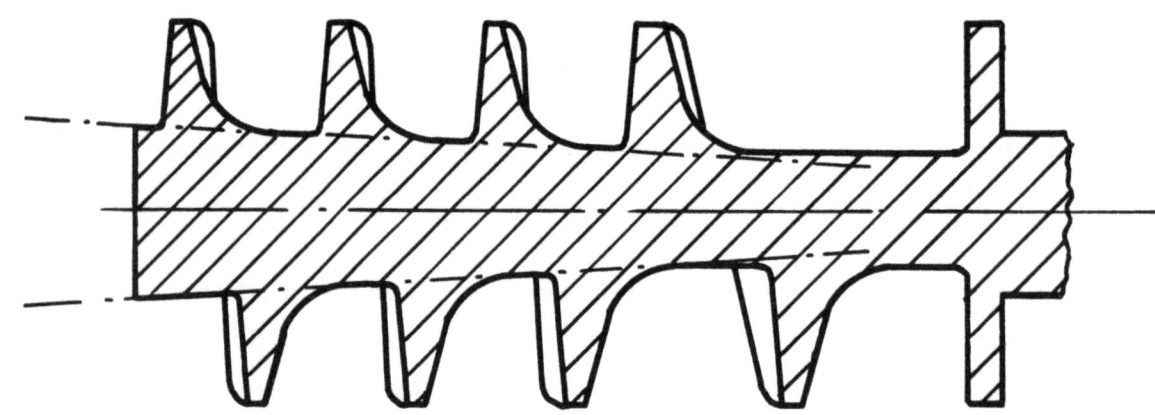

A b b i l d u n g 11
Schnitt durch eine Wolfschnecke

sowohl für rechteckige als auch halbelliptische Querschnitte angegeben. Ihre Anwendung auf den Schneckentransport liefert:

(20a) $$Q_M = \pi D (t-e)^2 \cos^3 \varphi \cdot v \cdot F_M$$

(20b) $$Q_P = \frac{1}{F_P \eta} \cdot h^3 (t-e) \sin\varphi \cos\varphi \cdot \frac{\Delta P}{L}$$

Der Rückfluß Q_{S_p} bleibt unverändert, da für ihn auch hier $\delta \ll \pi D$ gilt. F_M und F_P sind Formfaktoren, die von $h/(b\cdot\cos\varphi)$ abhängen. Ihre Größe kann aus Abbildung 12 und 13 entnommen werden. Die aus (20a und b) folgenden Schneckenkenngrößen sind:

(21) $$E = \pi D (t-e)^2 \cos^3 \varphi \cdot F_M$$

(22) $$S = \frac{\pi D(t-e)^2 \cos^3\varphi F_M}{\frac{1}{F_P}\cdot h^3)t-e)\sin\varphi\cos\varphi + \frac{1}{12e}\pi^2 D^2 \delta^3 \text{tg}\,\varphi}$$

während natürlich auch hierfür die Schneckengleichung (19) unverändert gilt.

IV. Veränderliche Gangtiefe und Steigung

Sind die Gangtiefe h und der Steigungswinkel φ (bzw. die Steigung t) von λ abhängig, also entlang der Schneckenachse nicht konstant, dann ist auch

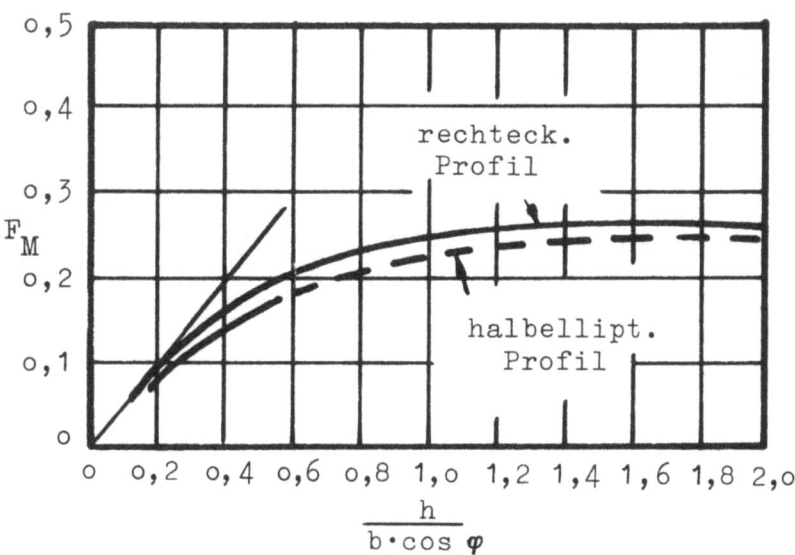

A b b i l d u n g 12
Formfaktor für den Mitführungsfluß Q_M

Forschungsberichte des Wirtschafts- und Verkehrsministeriums Nordrhein-Westfalen

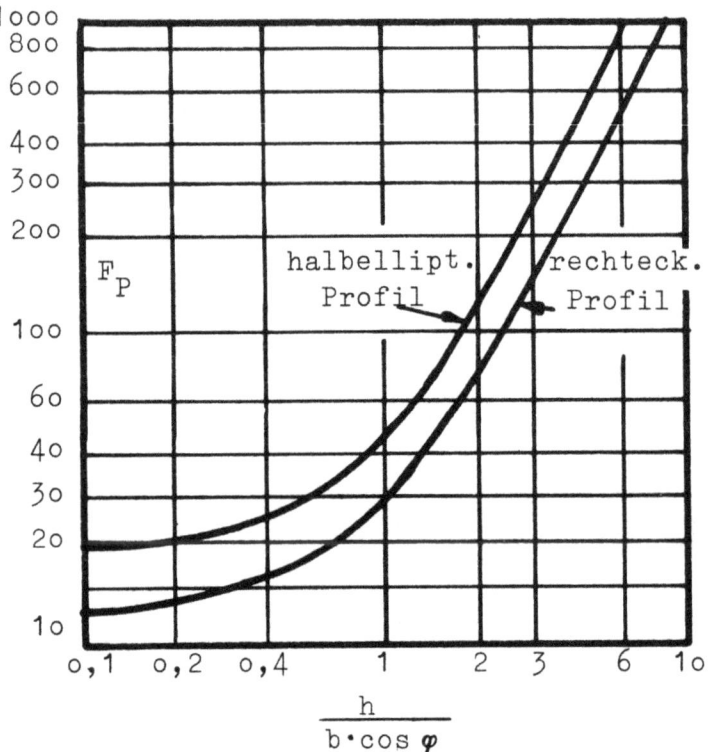

Abbildung 13
Formfaktor für den Rückfluß Q_P

$dP/d\lambda$ abhängig von λ und nicht gleich $\Delta P/L^+$). Gleichung (17) wird dann

(17a) $$Q = E \cdot v - \frac{E}{S\eta} \cdot \frac{dP}{d\lambda}$$

Daraus errechnet man den gesamten Druckanstieg:

(23) $$\Delta P = \int_0^L S\eta \left(v - \frac{Q}{E}\right) d\lambda$$

Berücksichtigt man, daß Q unabhängig von λ ist, (durch jeden Querschnitt senkrecht zur Schneckenachse ist der Flüssigkeitstransport gleich groß), so erhält man unter Verwendung von (18) für η = const.:

$$\frac{Q}{k} = v \int_0^L S \, d\lambda - Q \int_0^L \frac{S}{E} \, d\lambda$$

+) Da in diesem Falle v auch von z abhängig ist, müßte die Gleichung
$\frac{\partial^2 v}{\partial x^2} + \frac{\partial^2 v}{\partial y^2} + \frac{\partial^2 v}{\partial z^2} = \frac{1}{\eta}\frac{dP}{dz}$ gelöst werden. Die folgende Betrachtung gilt daher nur für $\frac{\partial^2 v}{\partial z^2} = 0$.

Forschungsberichte des Wirtschafts- und Verkehrsministeriums Nordrhein-Westfalen

und die Schneckengleichung:

(24) $$Q = \frac{\int_0^L S \, d\lambda}{\frac{1}{k} + \int_0^L \frac{S}{E} \, d\lambda} \cdot v$$

Abschließend soll kurz auf die Anwendung der obigen Ergebnisse auf den Schneckentransport des Fleischwolfes eingegangen werden. Die Ableitung der Schneckengleichungen (19) bzw. (24) beruht auf Lösungen der Differentialgleichungen (9) bzw. (1o) unter der Voraussetzung einer konstanten, vom Geschwindigkeitsgefälle unabhängigen Viskosität der zu transportierenden Flüssigkeit. Feinzerkleinertes Fleisch ist jedoch, wie sich im Abschnitt A ergeben hat, in hohem Maße strukturviskos; es gilt näherungsweise:

(6a) $$\eta \sim \frac{1}{(\frac{dv}{d})^{5/6}}$$

Darüber hinaus ist die alleinige Angabe der Zähigkeit bzw. einer Fließkurve nicht hinreichend zur Kennzeichnung von nur grob vorzerkleinertem Stückfleisch, das zur weiteren Zerkleinerung in den Wolf gegeben wird. Die oben entwickelte Schneckentheorie diente zunächst als Arbeitshypothese für die Durchführung experimenteller Untersuchungen mit einem Wolf, der mit entsprechenden Druckmeßgeräten zur Ermittlung der Funktion P (λ) ausgestattet war[8]. Auf Grund dieser Untersuchungen zeigt es sich, daß es sinnvoll ist, für verschiedene Fleischsorten jeweils eine scheinbare Viskosität η^+ zu definieren, deren Abhängigkeit von der Deformationsgeschwindigkeit die Beziehung (6a) im wesentlichen bestätigt.
Ferner ergab die experimentelle Bestimmung der Kenngrößen E und S deren in den Gleichungen (15) und (16) errechnete Abhängigkeit von den Schneckendaten D, h, φ us. mit folgender Einschränkung: bei der Verarbeitung von Stückfleisch muß für die Ergiebigkeit ein Korrekturfaktor berücksichtigt werden. Und zwar ist

$$E_{exp.} = f \cdot E_{theor.}$$

mit $1 < f < 2$. f hängt von der Fleischsorte ab und nimmt z.B. mit zunehmendem Fettgehalt (Schweinefleisch) ab und mit zunehmendem Bindegewebsanteil zu.
Eine weitere Modifikation der Schneckengleichung wird bedingt durch die

Forschungsberichte des Wirtschafts- und Verkehrsministeriums Nordrhein-Westfalen

Abhängigkeit der Schneidsatz-"Konstanten" k von der Messerdrehzahl. Mit zunehmender Messerdrehzahl wird auch k größer.

Unter Berücksichtigung dieser für den Fleischwolf notwendigen Ergänzungen der Schneckentheorie können die Leistung eines Wolfes sowie der Druckanstieg aus den geometrischen Schnecken- und Schneidsatzdaten und den maßgebenden Substanzeigenschaften vorausberechnet werden.

C. Der Schneidvorgang in der Zerkleinerungstechnik von Weichstoffen

I. Einleitende Bemerkungen und Definitionen

Für die Weichzerkleinerung (z.B. in der Lebensmittelindustrie) plastischer, mehr oder weniger leicht deformierbarer Stoffe tierischer oder pflanzlicher Herkunft spielen Schneidvorgänge eine dominierende Rolle[9].
Dabei sind im wesentlichen zwei Gesichtspunkte für ein rationelles Schneiden maßgebend:

1. Die für einen Schnitt erforderliche Arbeit soll ein Minimum sein, und der Wirkungsgrad des Vorganges soll technisch möglichst weitgehend erreicht werden.
2. Das zu schneidende Material soll im allgemeinen schonend geschnitten werden, d.h. es soll in vielen Fällen die Mikrostruktur des Weichstoffes nach dem Schnitt erhalten bleiben.

Z.B. ist für die Güte einer fertigen Wurst (z.B. Dauerwurst) ausschlaggebend, daß bereits das rohe Fleisch im Wolf möglichst wenig gequetscht und nicht in seiner natürlichen Faserstruktur verändert wird.

Da durch das Schneiden bedingte, gemäß Punkt 2, ungewollte Form- und Strukturänderungen einen nicht unerheblichen Teil der aufzuwendenden Energie beanspruchen, stehen die beiden Forderungen in einem engen Zusammenhang.

Die noch heute fast durchweg angewandten Methoden der Weichzerkleinerung sind nichts anderes als die Ergebnisse reiner Werkmeistererfahrungen[10].
Die Gründe dafür liegen in der Heterogenität der zu bearbeitenden Substanzen, die eine rechnerische Durchdringung des Problems sehr erschwert. Ferner lassen sich manche Eigenschaften der Materialien kaum exakt erfassen, wie z.B. die Plastizität.

Es ist daher zur Untersuchung des Schneidvorganges zunächst erforderlich, das Problem so zu idealisieren, daß nur die elementaren Einflußgrößen berücksichtigt werden, während Komplikationen und sekundäre, durch die spezielle Art des zu schneidenden Materials bedingte Parameter zweckmäßig später in die Betrachtung einzuziehen sind.

Zur Festlegung dieser elementaren Einflußgrößen betrachten wir in Abbildung 14 einen Aufriß durch das Messer und das Probestück in der Messerebene. Um keine Raumrichtung auszuzeichnen, möge das Probestück einen kreisförmigen Querschnitt haben. Ferner werden zunächst zur Vereinfachung auf die Messerflanken wirkende Reibungskräfte, Formänderungen der Schnittfläche während des Schnittes usw. nicht berücksichtigt. Der Geschwindigkeitsvektor $\mathfrak{w}$ des Messers soll in der Messerebene liegen und während des Schnittes konstant bleiben. Das gleiche gilt für die Messernormale $\mathfrak{w}_o$, also die Orientierung des Messers im Raum. Die Komponente von $\mathfrak{w}$ bzgl. $\mathfrak{w}_o$ ist $v_n = v \cdot \cos \alpha$ und in Richtung der Schneide $v_t = v \cdot \sin \alpha$, wobei α der von von $\mathfrak{w}$ und $\mathfrak{w}_o$ eingeschlossene Winkel ist.

Dann bedeutet

$v_t = 0$ einen reinen Normal-(Orthogonal)-Schnitt

$v_n = 0$ einen reinen Tangentialschnitt.

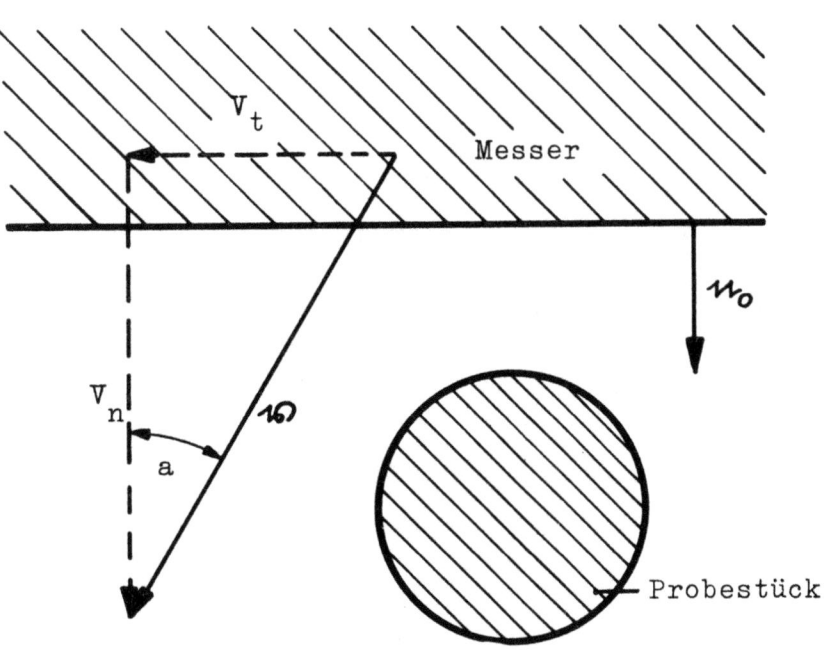

Abbildung 14

Zur Definition des ziehenden Schnittes

Während der Schnitt $v_t = 0$ nur eine spaltende (Keil-) Wirkung hat, hat der Schnitt $v_n = 0$ gar keine Wirkung auf das Probestück. Man vereinbart daher zweckmäßigerweise die Definition:

$v_t \neq 0$ bedeutet ziehender Schnitt.

Ein Maß für den Zieh- d.h. Tangentialanteil des Schnittes ist das Verhältnis $v_t/v_n = \text{tg }\alpha$. Wir können daher α als für die spezielle Art des Schnittes charakteristische Größe mit Schnittwinkel bezeichnen. (Eine Verwechslung mit der in der spanabhebenden Fertigung ebenfalls benutzten gleichen Bezeichnung ist wohl im Rahmen der Zerkleinerung von Weichstoffen ausgeschlossen). Damit sind also nur die von der Orientierung und Bewegung des Messers vorgegebenen Richtungen zur Definition des ziehenden Schnittes verwandt (andere natürliche Richtungen existieren hierbei nicht außer der Flächennormalen des Messers, die aber in der vorliegenden Untersuchung nicht berücksichtigt zu werden braucht). Diese Definition ist von der Wahl eines willkürlichen Koordinatensystems unabhängig.

Fragt man nach der Form eines Sichelmessers, wie es z.B. in einem sogenannten Kutter zur Wurstfabrikation verwendet wird, mit entlang der Schneide konstantem Schnittwinkel α, so führt eine einfache Betrachtung aus der Differentialgeometrie zum Ziel. Abbildung 15 ist eine graphische Darstellung einer Sichelmesserschneide in Polarkoordinaten $r = r(\varphi)$.

Es ist $\quad \text{tg}(90° - \alpha) = \text{ctg }\alpha = \dfrac{dr}{r\, d\varphi}$

folglich $\quad \dfrac{dr}{r} = (\text{ctg }\alpha)\, d\varphi$

und, weil $\quad \alpha = \text{const}$, unabhängig von φ :

$\log r = (\text{ctg }\alpha) \cdot \varphi + \log r_0$

(25) $\quad r = r_0 \cdot e^{(\text{ctg }\alpha) \cdot \varphi}$

Hat die Sichelmesserschneide also die Form eines Stückes der logarithmischen Spirale (25), so schneidet das Messer mit längs der ganzen Schneide konstantem Schnittwinkel.

II. Schneidarbeit und optimaler Schnittwinkel

Der grundsätzliche Unterschied zwischen einem ziehenden und einem Orthogonal-Schnitt besteht darin, daß für eine Reihe von Materialien die zur

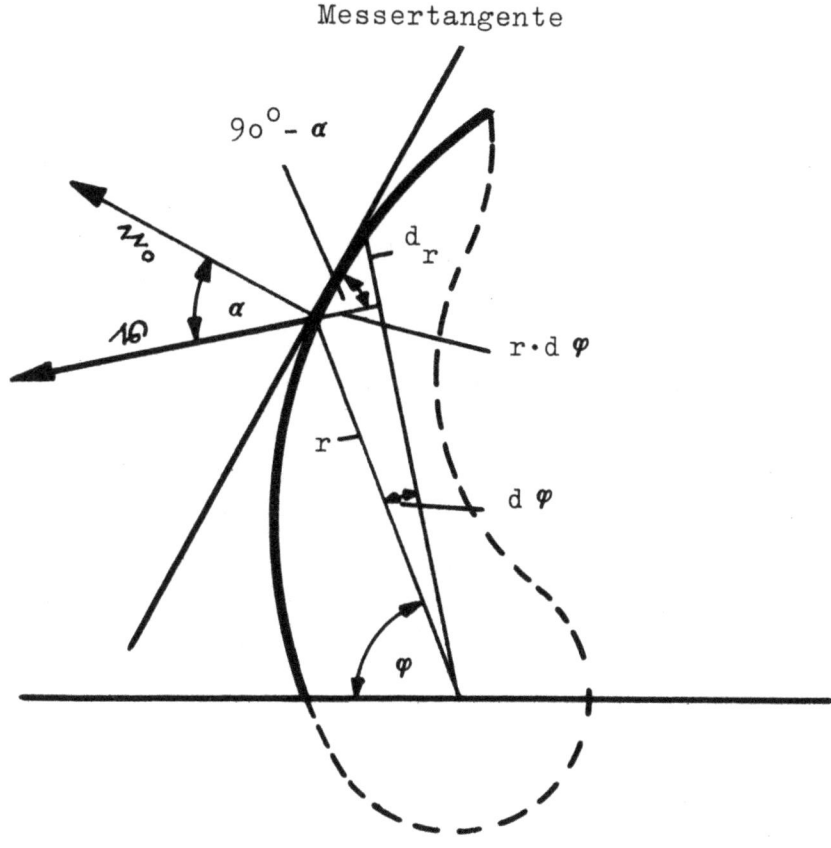

Abbildung 15
Sichelmesser mit entlang der Schneide konstantem Schnittwinkel α

Einleitung des ziehenden Schnittes erforderliche Minimalkraft K_n in Richtung der Messernormalen kleiner ist als beim Orthogonal-Schnitt. Bei diesem ist dagegen die Tangentialkomponente K_t kleiner als beim ziehenden Schnitt. Im allgemeinen sind K_n und K_t in zunächst unübersichtlicher, nicht immer eindeutiger Weise außer von α auch von speziellen Eigenschaften des zu schneidenden Materials abhängig. In Zerkleinerungsmaschinen für Weichstoffe ist jedoch der Schnittwinkel fast immer als Apparatekonstante fest vorgegeben (mit Ausnahme solcher Anordnungen, die z.B. einer Aufschnittschneidemaschine gleichen). In diesem Falle ist die insgesamt aufzuwendende Schneidkraft $\mathfrak{K}$ die Vektorsumme von K_n und K_t und dem Betrage nach eine eindeutige Funktion von α

$$|\mathfrak{K}| = K = K(\alpha)$$

Um den optimalen Schnittwinkel α_o, bei dem gemäß Forderung 1 die Schneidarbeit ein Minimum wird, zu diskutieren, berechnet man die Arbeit in Abhängigkeit von α zu

(26)
$$A = \int_{x_o}^{x_o + a/\cos\alpha} K(\alpha, x) \, dx$$

vgl. a. Abbildung 16. Dabei hat (ohne Einschränkung der Allgemeingültigkeit) das Probestück einen quadratischen Querschnitt, dessen eine Seite parallel zur Messerschneide orientiert ist. Natürlich bleibt K während des Schnittes nicht konstant, was im Integranden durch die zweite unabhängige Variable x berücksichtigt ist. Um jedoch die Extremalbedingung $dA/d\alpha = 0$, deren Lösung den obenerwähnten optimalen Schnittwinkel α_o ergibt, explizit aufschreiben zu können, bilden wir den räumlichen Mittelwert

$$\overline{K}(\alpha) = \frac{\cos\alpha}{a} \int_{x_o}^{x_o + a/\cos\alpha} K(\alpha, x) \, dx$$

Damit werden die Schneidarbeit

$$A = \overline{K} \cdot \frac{a}{\cos\alpha}$$

und die Extremalbedingung

$$\frac{dA}{d\alpha} = \overline{K}' \cdot \frac{a}{\cos\alpha_o} + \overline{K} \cdot \frac{a \sin\alpha_o}{\cos^2\alpha_o} = 0;$$

$$\overline{K}' = \frac{d\overline{K}}{d\alpha}$$

Es folgt

(27)
$$\operatorname{tg} \alpha_o = \left\{ -\frac{\overline{K}'}{\overline{K}} \right\}_{\alpha = \alpha_o}$$

als Bedingungsgleichung für den optimalen Schnittwinkel α_o. Zu seiner Ermittlung muß also der Verlauf der Funktion $\overline{K}(\alpha)$ hinreichend genau, d.h. mit ihrer ersten Ableitung $d\overline{K}/d\alpha$ experimentell ermittelt werden, um Gleichung (27) graphisch lösen zu können.

In der praktischen Durchführung wird sich immer dann ein von 0 verschiedener Winkel α_o ergeben, wenn für den untersuchten Weichstoff $\overline{K}$ schneller mit zunehmendem α abnimmt als $\cos\alpha$, so daß insgesamt $\overline{K}/\cos\alpha$ kleiner wird.

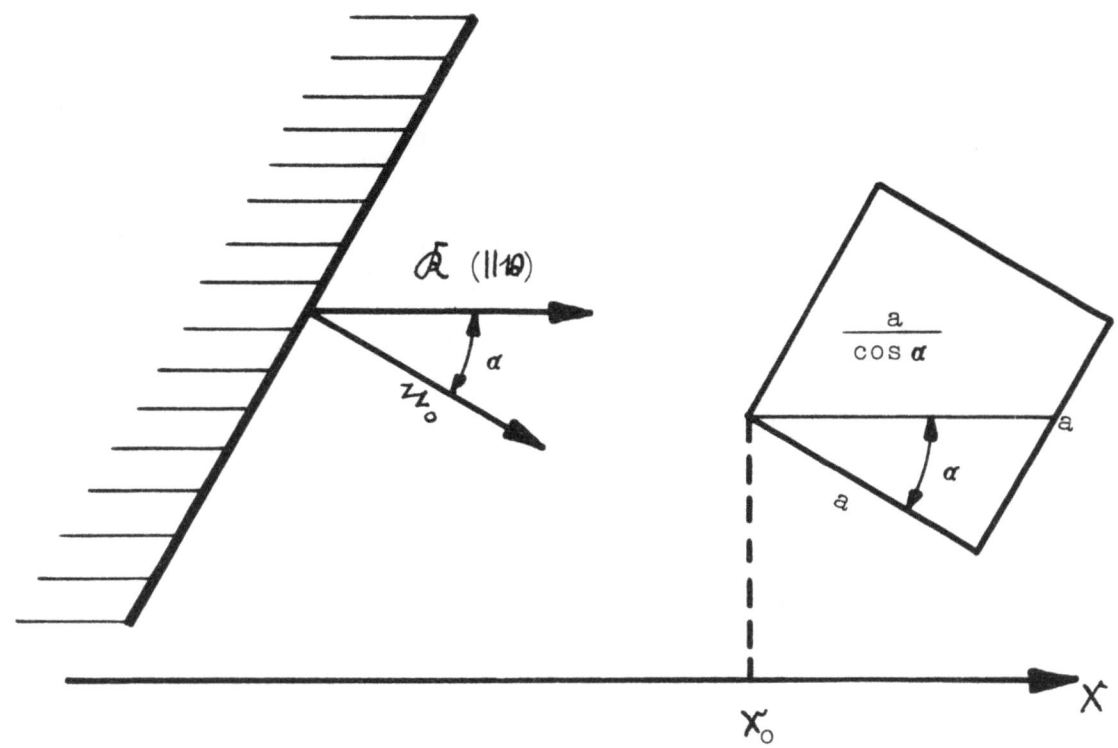

Abbildung 16

Die Schneidarbeit in Abhängigkeit vom Schnittwinkel

III. Versuchsdurchführung und Meßergebnisse

In Anwendung dieser Überlegungen wurden als zu schneidende Weichstoffe rohes Rindfleisch und Füllstoffgummi untersucht. Gemessen wurde mit einem Horizontal-Tribometer mit hydraulischem Trieb und einer Kraft-Weg-Schreibtrommel. Wie in Abbildung 17 skizziert, wird das Messer a (Rasierklinge) mit einem zwischen 0 und 60° beliebig wählbaren Schnittwinkel in dem geführten Messerschlitten b befestigt; dieser dreht während seiner Horizontalbewegung die Schreibtrommel c, deren Achse mit dem Schlitten fest verbunden ist. Eine Deformation der Triebfeder d wird über die ebenfalls mit dem Messerschlitten fest verbundene Rolle e durch Schnurverbindung auf die Schreibfeder f übertragen, so daß während des Schnittes ein Kraft-Weg-Diagramm aufgezeichnet wird. Da in Gleichung (3) durch die Quotientbildung $\overline{K}'/\overline{K}$ die Federkonstante C (denn es ist $\overline{K} = c \cdot \Delta \ell$ und $\overline{K}' = c \cdot \frac{d \Delta \ell}{d \alpha}$) herausfällt, wurde auf ihre Bestimmung verzichtet.

Tabelle 2 enthält die bei rohem Rindfleisch gefundenen Meßwerte A (Spalte 1) und $\overline{K}$ (Spalte 2), die durch Mittelung aus je etwa 15 bis 20

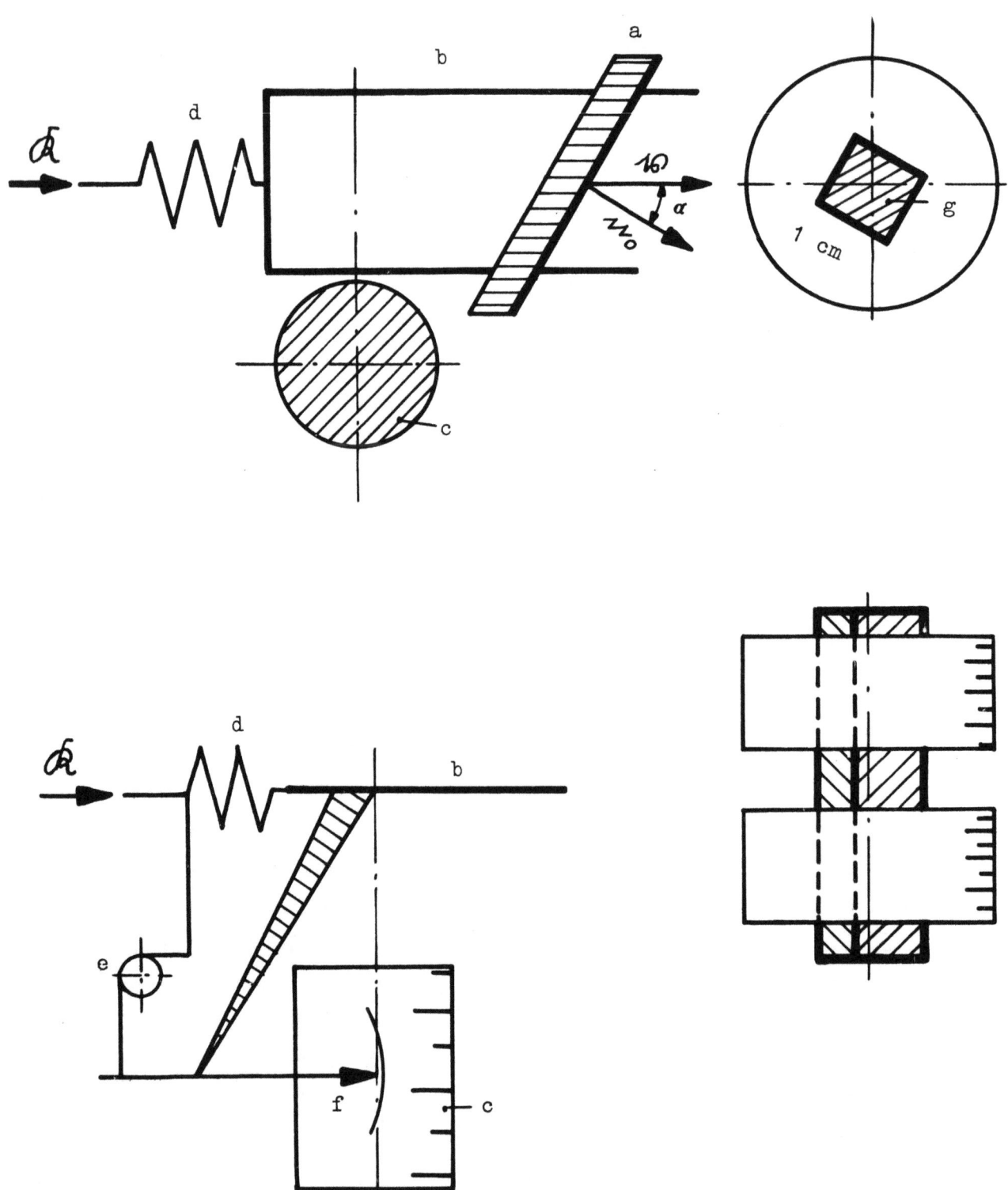

Abbildung 17

Schematische Darstellung der Versuchseinrichtung a Messer, b Messerschlitten, c Schreibtrommel, d Triebfeder, e Rolle, f Schreibfeder, g Probestück

Forschungsberichte des Wirtschafts- und Verkehrsministeriums Nordrhein-Westfalen

T a b e l l e 2

Meßergebnisse und ihre Auswertung

Lf. Nr.	A (willk.Einh.)	$\overline{K}$	α (Winkelgrad)	α (Bog.-maß)	$-\Delta\overline{K}$ (willk. Einh.)	$-\frac{\Delta\overline{K}}{\Delta\alpha} \approx -\overline{K}'$ (willk. Einh.)	$-\frac{\overline{K}'}{\overline{K}}$
1	110	35,6	5°	0,087			
1a		(33,0)		0,131	5,3	60	1,8
2	86	30,3	10°	0,175			
2a		(28,3)		0,219	4,0	46	1,6
3	70	26,3	15°	0,262			
3a		(24,7)		0,306	3,2	37	1,5
4	58	23,1	20°	0,350			
4a		(21,8)		0,393	2,5	29	1,3
5	48	20,6	25°	0,436			
5a		(19,5)		0,480	2,1	24	1,2
6	42	18,5	30°	0,524			
6a		(17,6)		0,567	1,7	20	1,1
7	41	16,8	35°	0,611			
7a		(16,1)		0,655	1,4	16	1,0
8	41	15,4	40°	0,698			
8a		(14,8)		0,741	1,2	14	0,9
9	43	14,2	45°	0,785			
9a		(13,7)		0,829	1,0	12	0,8
10	46	13,2	50°	0,873			
mittl. Fehl.	± 10 %	± 2 %			± 10 %	± 10 %	± 12 %

Messungen entstanden sind, bei den Winkeln α = 5, 10, 15, ..., 50° (Spalte 3) mit dem zugehörigen Bogenmaß (Spalte 4) in den Zeilen 1, 2, 3 usw.. In den Zeilen 1a, 2a, 3a usw. sind alle aus den Meßwerten abgeleiteten Rechengrößen aufgeführt, so enthält Spalte 5 die zur numerischen

Ermittlung des Differentialquotienten $-\overline{K}'$ erforderlichen ersten Differenzen $-\Delta\overline{K}$ (es ist z.B. $-\Delta\overline{K} = \overline{K}_{50} - \overline{K}_{100}$). Spalte 6 enthält die Rechengrößen $-\frac{\overline{K}}{\Delta\alpha} \approx -\overline{K}'$. Durch Division von $\overline{K}'$ mit den linear interpolierten, in Klammern angeführten $\overline{K}$-Werten der Spalte 2 ergibt sich Spalte 7.

IV. Diskussion

Zur graphischen Lösung der Gleichung (3) müssen die Kurven $-\overline{K}'/\overline{K}$ und tg α gegen α aufgetragen werden (Abb. 18). Die Schnittpunktsabszisse ergibt den optimalen Schnittwinkel α_o bei $42°$. Gleichzeitig enthält Abbildung 18 den Verlauf der Kurve A (α), deren Werte durch Planimetrieren der Kraft-Weg-Diagramme erhalten wurden (Spalte 1, Tab. 2). Das Minimum dieser Kurve liegt im Winkelbereich von 35 bis $45°$. Infolge der Heterogenität des Fleisches war die Schwankungsbreite der Meßwerte groß, so daß eine Abhängigkeit der Schneidkraft von der Faserorientierung nicht festgestellt werden konnte.

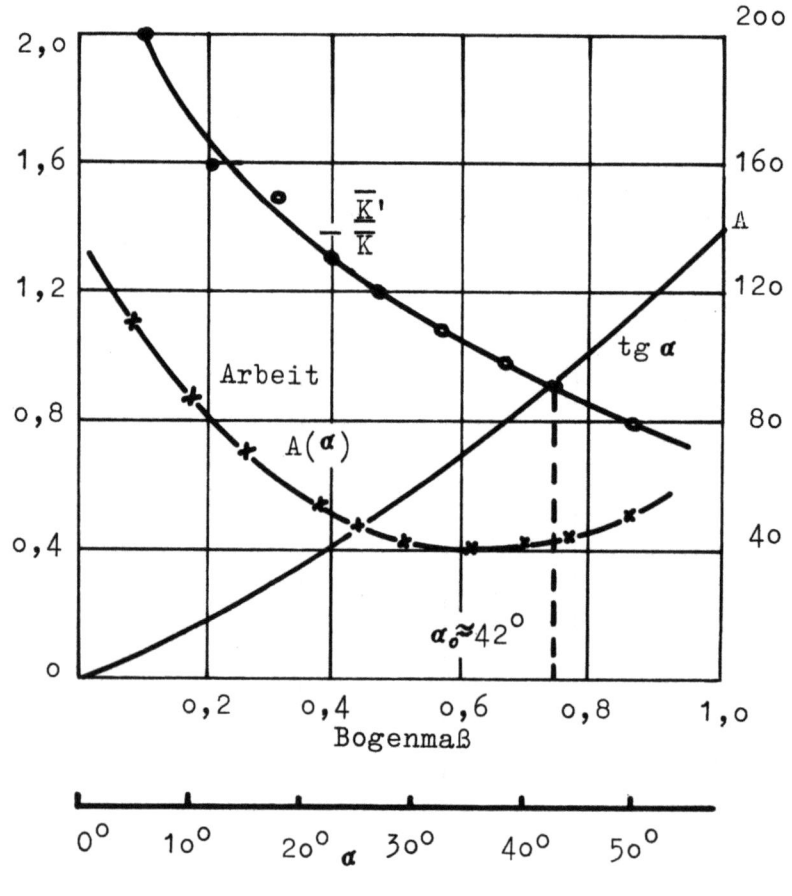

Abbildung 18

Graphische Ermittlung des optimalen Schnittwinkels bei rohem Rindfleisch

Füllstoffgummi, der entsprechend untersucht wurde, Abbildung 19, wird dagegen zweckmäßig orthogonal geschnitten, da bereits kleine Schnittwinkel $\alpha > 0$ einen größeren Arbeitsaufwand infolge der verhältnismäßig grossen Reibung der Schnittflächen an den Messerflanken bedingen als $\alpha = 0$.

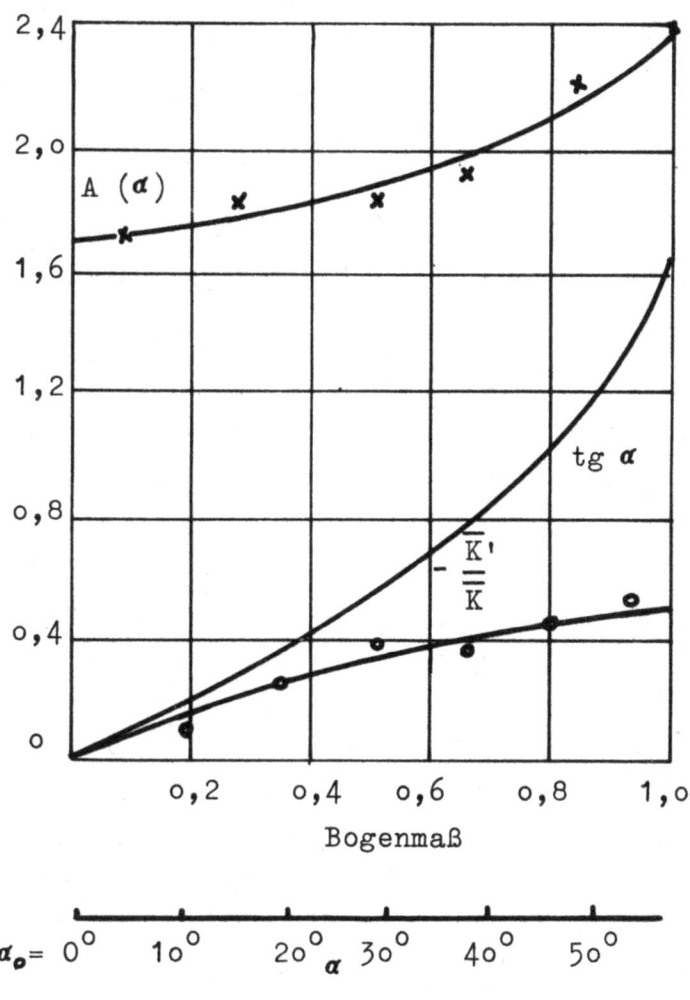

Abbildung 19
Graphische Ermittlung des optimalen Schnittwinkels
bei Füllstoffgummi

So schneiden sich bei Füllstoffgummi die Kurven $-\overline{K}'/\overline{K}$ und $\tg \alpha$ nur im Koordinatenanfangspunkt. Damit ist die empirisch zu ermittelnde Funktion $K(\alpha)$ eine kennzeichnende Stoffeigenschaft und als Berechnungsgrundlage für die Formgebung von Messerschneiden geeignet, falls noch Aussagen über die Abhängigkeit des optimalen Schnittwinkels von der Größe der Schnittgeschwindigkeit v gemacht werden können. Denn ohne Zweifel besteht in einem größeren Geschwindigkeitsbereich eine solche Abhängigkeit. Die Diagramme der Abbildungen 5 und 6 wurden bei sehr langsamen Schnittgeschwin-

Forschungsberichte des Wirtschafts- und Verkehrsministeriums Nordrhein-Westfalen

digkeiten (etwa 0,2 cm/s) erhalten. Es sei in diesem Zusammenhang erwähnt, daß gerade im Bereich der Weichstoffe, also plastisch viscoser Substanzen, einmal die Fließverfestigung (Rheopexie), zum andern die Strukturviscotät, also die Abnahme der scheinbaren Zähigkeit mit zunehmendem Geschwindigkeitsgefälle in der Substanz, eine wesentliche Rolle spielen. Andererseits haben visco-elastische Stoffe meist mehrere Relaxationszeiten bzw. ein kontinuierliches Relaxationsspektrum. Dies beruht im allgemeinen auf einer Vielzahl von Zusammenhaltsmechanismen in der Struktur der Substanzen. Maßgebend für die Größenordnung des Schnittgeschwindigkeitsbereiches, in dem sich Rheopexie oder Strukturviscosität merkbar auswirken können, ist die Lage des Relaxationszeitspektrums. Es ist plausibel, daß immer dann α_o von v merklich abhängen wird, wenn die Schnittzeit (in Abb. 3 $a/(v \cdot \cos \alpha)$) und Relaxationszeit der geschnittenen Substanz, d.h. also die Zeit, in der ein geeignet definiertes Mittel der Abweichungen des Spannungszustandes vom Gleichgewicht auf seinen e-ten Teil abnimmt, größenordnungsmäßig vergleichbar werden. Damit scheint die Kenntnis des Relaxationszeitspektrums erforderlich, um Voraussagen über zweckmäßig zu wählende Schnittgeschwindigkeiten zu machen[11].

Zusammenfassung

Die Aufgabe, Berechnungsgrundlagen für Weichzerkleinerungs-Maschinen – insbesondere Fleischereimaschinen – zu schaffen, erfordert die Kenntnis einiger mechanischer Stoffeigenschaften des Zerkleinerungsgutes. Es wird gezeigt, daß feinzerkleinertes Skelettmuskelfleisch in seiner "Konsistenz" typisch strukturviskos ist. Der quantitative Zusammenhang zwischen Scherkraft und Geschwindigkeitsgefälle sowie die Abhängigkeit der scheinbaren Viskosität vom Fett- und Wassergehalt werden angegeben. Ferner wird unter gewissen, vereinfachenden Voraussetzungen die hydrodynamischen Theorie des Schneckentransportes zäher Flüssigkeiten entwickelt, die für die Schneckenförderung auch von Stückfleisch im Fleischwolf als Arbeitshypothese verwendet werden kann. Es ergeben sich die Schnecken-"Kenngrößen" Ergiebigkeit E und Druckbildungsvermögen S als Funktionen der Schneckendaten, die zusammen mit einer empirisch zu ermittelnden Schneidsatzkonstanten k wesentlich in die "Schneckengleichung" eingehen; diese Gleichung ermöglicht die Vorausberechnung der Durchsatzleistung. Während beim Transport zähflüssiger Substanzen der Durchsatz unabhängig vom Zähigkeitswert ist, muß bei der Verarbeitung von Stückfleisch ein Korrekturfaktor f zur Ergiebigkeit berücksichtigt werden, der von der Art und Zusammensetzung des verarbeiteten Fleisches abhängt. Schließlich wird gezeigt, daß für den ziehenden Messerschnitt ein substanzabhängiger, "optimaler Schnittwinkel" existiert, bei dem die für eine bestimmte Zerkleinerungswirkung aufzuwendende Arbeit ein Minimum und damit der Wirkungsgrad des Schneidvorganges ein Maximum werden. Die Größe dieses optimalen Schnittwinkels ist maßgebend insbesondere für die Formgebung von Kuttermessern.

Dipl.-Phys. PETER P I L Z, Remscheid

Forschungsberichte des Wirtschafts- und Verkehrsministeriums Nordrhein-Westfalen

Literaturverzeichnis

1)	PHILIPPOFF, W.	Viskosität der Kolloide, Seite 72, Dresden 1942
2)		loc. cit., S. 91
3)		loc. cit., S. 143
4)	HALLER, W.	Kolloid-Zeitschrift 57, (1931) S. 197
5)	CARLEY, J.F. MALLOUC, R.S. u.a.	Industrial and Engineering Chenistry 45. (1953) S. 969 u. folg.
6)	RIESS, K. u. W. MESKAT	Chemie-Ingenieur-Technik 23. (1951) 205
7)	BOUSSINESQ, M.J.	Math. pures appl., Second Series, 13. (1868) S. 377
8)	PILZ, P.	unveröffentlichter Bericht, Alexanderwerk A.G., Remscheid, 1952
9)	MIALKI, W.	Chemie-Ingenieur-Technik, 23. (1951) S. 473
1o)	KIESSKALT, S.	Verfahrenstechnik, S. 77, München 1951
11)	KUHN, W.	Makromolekulare Chemie, 6. (1951) S. 224

FORSCHUNGSBERICHTE DES WIRTSCHAFTS- UND VERKEHRSMINISTERIUMS NORDRHEIN-WESTFALEN

Herausgegeben von Staatssekretär Prof. Leo Brandt

Heft 1:
Prof. Dr.-Ing. Eugen Flegler, Aachen
Untersuchungen oxydischer Ferromagnet-Werkstoffe

Heft 2:
Prof. Dr. phil. Walter Fuchs, Aachen
Untersuchungen über absatzfreie Teeröle

Heft 3:
Techn.-Wissenschaftl. Büro für die Bastfaserindustrie, Bielefeld
Untersuchungsarbeiten zur Verbesserung des Leinenwebstuhls

Heft 4:
Prof. Dr. E. A. Müller u. Dipl.-Ing. H. Spitzer, Dortmund
Untersuchungen über die Hitzebelastung in Hüttenbetrieben

Heft 5:
Dipl.-Ing. Werner Fister, Aachen
Prüfstand der Turbinenuntersuchungen

Heft 6:
Prof. Dr. phil. Walter Fuchs, Aachen
Untersuchungen über die Zusammensetzung und Verwendbarkeit von Schwelteerfraktionen

Heft 7:
Prof. Dr. phil. Walter Fuchs, Aachen
Untersuchungen über emsländisches Petrolatum

Heft 8:
Maria Elisabeth Meffert und Heinz Stratmann, Essen
Algen-Großkulturen im Sommer 1951

Heft 9:
Techn.-Wissenschaftl. Büro für die Bastfaserindustrie, Bielefeld
Untersuchungen über die zweckmäßige Wicklungsart von Leinengarnkreuzspulen unter Berücksichtigung der Anwendung hoher Geschwindigkeiten des Garnes
Vorversuche für Zetteln und Schären von Leinengarnen auf Hochleistungsmaschinen

Heft 10:
Prof. Dr. Wilhelm Vogel, Köln
„Das Streifenpaar" als neues System zur mechanischen Vergrößerung kleiner Verschiebungen und seine technischen Anwendungsmöglichkeiten

Heft 11:
Laboratorium für Werkzeugmaschinen und Betriebslehre, Technische Hochschule Aachen
1. Untersuchungen über Metallbearbeitung im Fräsvorgang mit Hartmetallwerkzeugen und negativem Spanwinkel
2. Weiterentwicklung des Schleifverfahrens für die Herstellung von Präzisionswerkstücken unter Vermeidung hoher Temperaturen
3. Untersuchung von Oberflächenveredlungsverfahren zur Steigerung der Belastbarkeit hochbeanspruchter Bauteile

Heft 12:
Elektrowärme-Institut, Langenberg (Rhld.)
Induktive Erwärmung mit Netzfrequenz

Heft 13:
Techn.-Wissenschaftl. Büro für die Bastfaserindustrie, Bielefeld
Das Naßspinnen von Bastfasergarnen mit chemischen Zusätzen zum Spinnbad

Heft 14:
Forschungsstelle für Acetylen, Dortmund
Untersuchungen über Aceton als Lösungsmittel für Acetylen

Heft 15:
Wäschereiforschung Krefeld
Trocknen von Wäschestoffen

Heft 16:
Max-Planck-Institut für Kohlenforschung, Mülheim a. d. Ruhr
Arbeiten des MPI für Kohlenforschung

Heft 17:
Ingenieurbüro Herbert Stein, M. Gladbach
Untersuchung der Verzugsvorgänge in den Streckwerken verschiedener Spinnereimaschinen. 1. Bericht: Vergleichende Prüfung mit verschiedenen Dickenmeßgeräten

Heft 18:
Wäschereiforschung Krefeld
Grundlagen zur Erfassung der chemischen Schädigung beim Waschen

Heft 19:
Techn.-Wissenschaftl. Büro für die Bastfaserindustrie, Bielefeld
Die Auswirkung des Schlichtens von Leinengarnketten auf den Verarbeitungswirkungsgrad, sowie die Festigkeits- und Dehnungsverhältnisse der Garne und Gewebe

Heft 20:
Techn.-Wissenschaftl. Büro für die Bastfaserindustrie, Bielefeld
Trocknung von Leinengarnen I
Vorgang und Einwirkung auf die Garnqualität

Heft 21:
Techn.-Wissenschaftl. Büro für die Bastfaserindustrie, Bielefeld
Trocknung von Leinengarnen II
Spulenanordnung und Luftführung beim Trocknen von Kreuzspulen

Heft 22:
Techn.-Wissenschaftl. Büro für die Bastfaserindustrie, Bielefeld
Die Reparaturanfälligkeit von Webstühlen

Heft 23:
Institut für Starkstromtechnik, Aachen
Rechnerische und experimentelle Untersuchungen zur Kenntnis der Metadyne als Umformer von konstanter Spannung auf konstanten Strom

Heft 24:
Institut für Starkstromtechnik, Aachen
Vergleich verschiedener Generator-Metadyne-Schaltungen in bezug auf statisches Verhalten

Heft 25:
Gesellschaft für Kohlentechnik mbH, Dortmund-Eving
Struktur der Steinkohlen und Steinkohlen-Kokse

Heft 26:
Techn.-Wissenschaftl. Büro für die Bastfaserindustrie, Bielefeld
Vergleichende Untersuchungen zweier neuzeitlicher Ungleichmäßigkeitsprüfer für Bänder und Garne hinsichtlich Ihrer Eignung für die Bastfaserspinnerei

Heft 27:
Prof. Dr. E. Schratz, Münster
Untersuchungen zur Rentabilität des Arzneipflanzenanbaues
Römische Kamille, Anthemis nobilis L.

Heft: 28:
Prof. Dr. E. Schratz, Münster
Calendula officinalis L.
Studien zur Ernährung, Blütenfüllung und Rentabilität der Drogengewinnung

Heft 29:
Techn.-Wissenschaftl. Büro für die Bastfaserindustrie, Bielefeld
Die Ausnützung der Leinengarne in Geweben

Heft 30:
Gesellschaft für Kohlentechnik mbH., Dortmund-Eving
Kombinierte Entaschung und Verschwelung von Steinkohle; Aufarbeitung von Steinkohlenschlämmen zu verkokbarer oder verschwelbarer Kohle

Heft 31:
Dipl.-Ing. Störmann, Essen
Messung des Leistungsbedarfs von Doppelsteg-Kettenförderern

Heft 32:
Techn.-Wissenschaftl. Büro für die Bastfaserindustrie, Bielefeld
Der Einfluß der Natriumchloridbleiche auf Qualität und Verwebbarkeit von Leinengarnen und die Eigenschaften der Leinengewebe unter besonderer Berücksichtigung des Einsatzes von Schützen- und Spulenwechselautomaten in der Leinenweberei

Heft 33:
Kohlenstoffbiologische Forschungsstation e. V.
Eine Methode zur Bestimmung von Schwefeldioxyd und Schwefelwasserstoff in Rauchgasen und in der Atmosphäre

Heft 34:
Textilforschungsanstalt Krefeld
Quellungs- und Entquellungsvorgänge bei Faserstoffen

Heft 35:
Professor Dr. Wilhelm Kast, Krefeld
Feinstrukturuntersuchungen an künstlichen Zellulosefasern verschiedener Herstellungsverfahren

Heft 36:
Forschungsinstitut der feuerfesten Industrie, Bonn
Untersuchungen über die Trocknung von Rohton. Untersuchungen über die chemische Reinigung von Silika- und Schamotte-Rohstoffen mit chlorhaltigen Gasen

Heft 37:
Forschungsinstitut der feuerfesten Industrie, Bonn
Untersuchungen über den Einfluß der Probenvorbereitung auf die Kaltdruckfestigkeit feuerfester Steine

Heft 38:
Forschungsstelle für Acetylen, Dortmund
Untersuchungen über die Trocknung von Acetylen zur Herstellung von Dissousgas

Heft 39:
Forschungsgesellschaft Blechverarbeitung e. V., Düsseldorf
Untersuchungen an prägegemusterten und vorgelochten Blechen

Heft 40:
Landesgeologe Dr.-Ing. W. Wolff, Amt für Bodenforschung, Krefeld
Untersuchungen über die Anwendbarkeit geophysikalischer Verfahren zur Untersuchung von Spateisengängen im Siegerland

Heft 41:
Techn.-Wissenschaftl. Büro für die Bastfaserindustrie, Bielefeld
Untersuchungsarbeiten zur Verbesserung des Leinenwebstuhles II

Heft 42:
Professor Dr. Burckhardt Helferich, Bonn
Untersuchungen über Wirkstoffe — Fermente — in der Kartoffel und die Möglichkeit ihrer Verwendung

Heft 43:
Forschungsgesellschaft Blechverarbeitung e. V., Düsseldorf
Forschungsergebnisse über das Beizen von Blechen

Heft 44:
Arbeitsgemeinschaft für praktische Dehnungsmessung, Düsseldorf
Eigenschaften und Anwendungen von Dehnungsmeßstreifen

Heft 45:
Losenhausenwerk Düsseldorfer Maschinenbau AG., Düsseldorf
Untersuchungen von störenden Einflüssen auf die Lastgrenzenanzeige von Dauerschwingprüfmaschinen

Heft 46:
Professor Dr. phil. W. Fuchs, Aachen
Untersuchungen über die Aufbereitung von Wasser für die Dampferzeugung in Benson-Kesseln

Heft 47:
Prof. Dr.-Ing. habil. Karl Krekeler, Aachen
Versuche über die Anwendung der induktiven Erwärmung zum Sintern von hochschmelzenden Metallen sowie zur Anlegierung und Vergütung von aufgespritzten Metallschichten mit dem Grundwerkstoff.

Heft 48:
Max-Planck-Institut für Eisenforschung, Düsseldorf
Spektrochemische Analyse der Gefügebestandteile in Stählen nach ihrer Isolierung

Heft 49:
Max-Planck-Institut für Eisenforschung, Düsseldorf
Untersuchungen über Ablauf der Desoxydation und die Bildung von Einschlüssen in Stählen

Heft 50:
Max-Planck-Institut für Eisenforschung, Düsseldorf
Flammenspektralanalytische Untersuchung der Ferritzusammensetzung in Stählen

Heft 51:
Verein zur Förderung von Forschungs- und Entwicklungsarbeiten in der Werkzeugindustrie e. V., Remscheid
Untersuchungen an Kreissägeblättern für Holz, Fehler- und Spannungsprüfverfahren

Heft 52:
Forschungsstelle für Azetylen, Dortmund
Untersuchungen über den Umsatz bei der explosiblen Zersetzung von Azetylen
  a) Zersetzung von gasförmigem Azetylen,
  b) Zersetzung von an Silikagel adsorbiertem Azetylen

Heft 53:
Professor Dr.-Ing. H. Opitz, Aachen
Reibwert- und Verschleißmessungen an Kunststoffgleitführungen für Werkzeugmaschinen

Heft 54:
Professor Dr.-Ing. habil. F. A. F. Schmidt, Aachen
Schaffung von Grundlagen für die Erhöhung der spez. Leistung und Herabsetzung des spez. Brennstoffverbrauches bei Ottomotoren mit Teilbericht über Arbeiten an einem neuen Einspritzverfahren

Heft 55:
Forschungsgesellschaft Blechverarbeitung, Düsseldorf
Chemisches Glänzen von Messing und Neusilber

Heft 56:
Forschungsgesellschaft Blechverarbeitung, Düsseldorf
Untersuchungen über einige Probleme der Behandlung von Blechoberflächen

Heft 57:
Prof. Dr.-Ing. habil. F. A. F. Schmidt, Aachen
Untersuchungen zur Erforschung des Einflusses des chemischen Aufbaues des Kraftstoffes auf sein Verhalten im Motor und in Brennkammern von Gasturbinen.

Heft 58:
Gesellschaft für Kohlentechnik m. b. H., Dortmund
Herstellung und Untersuchung von Steinkohlenschwelteer.

Heft 59:
Forschungsinstitut der Feuerfest-Industrie, Bonn
Ein Schnellanalysenverfahren zur Bestimmung von Aluminiumoxyd, Eisenoxyd und Titanoxyd in feuerfestem Material mittels organischer Farbreagenzien auf photometrischem Wege
Untersuchungen des Alkali-Gehaltes feuerfester Stoffe mit dem Flammenphotometer nach Riehm-Lange

Heft 60:
Forschungsgesellschaft Blechverarbeitung e. V., Düsseldorf
Untersuchungen über das Spritzlackieren im elektrostatischen Hochspannungsfeld

Heft 61:
Verein zur Förderung von Forschungs- und Entwicklungsarbeiten in der Werkzeugindustrie e. V., Remscheid
Schwingungs- und Arbeitsverhalten von Kreissägeblättern für Holz

Heft 62:
Professor Dr. W. Franz, Institut für theoretische Physik der Universität Münster
Berechnung des elektrischen Durchschlags durch feste und flüssige Isolatoren

Heft 63:
Textilforschungsanstalt Krefeld
Neue Methoden zur Untersuchung der Wirkungsweise von Textilhilfsmitteln
Untersuchungen über Schlichtungs- und Entschlichtungsvorgänge

Heft 64:
Textilforschungsanstalt Krefeld
Die Kettenlängenverteilung von hochpolymeren Faserstoffen
Über die fraktionierte Fällung von Polyamiden

Heft 65:
Fachverband Schneidwarenindustrie, Solingen
Untersuchungen über das elektrolytische Polieren von Tafelmesserklingen aus rostfreiem Stahl

Heft 66:
Dr.-Ing. Peter Füsgen VDI †, Düsseldorf
Untersuchungen über das Auftreten des Ratterns bei selbsthemmenden Schneckengetrieben und seine Verhütung

Heft 67:
Heinrich Wösthoff o. H. G., Apparatebau, Bochum
Entwicklung einer chemisch-physikalischen Apparatur zur Bestimmung kleinster Kohlenoxyd-Konzentrationen

Heft 68:
Kohlenstoffbiologische Forschungsstation e. V., Essen
Algengroßkulturen im Sommer 1952
II. Über die unsterile Großkultur von Scenedesmus obliquus

Heft 69:
Wäschereiforschung Krefeld
Bestimmung des Faserabbaues bei Leinen unter besonderer Berücksichtigung der Leinengarnbleiche

Heft 70:
Wäschereiforschung Krefeld
Trocknen von Wäschestoffen

Heft 71:
Prof. Dr.-Ing. K. Leist, Aachen
Kleingasturbinen, insbesondere zum Fahrzeugantrieb

Heft 72:
Prof. Dr.-Ing. K. Leist, Aachen
Beitrag zur Untersuchung von stehenden geraden Turbinengittern mit Hilfe von Druckverteilungsmessungen

Heft 73:
Prof. Dr.-Ing. K. Leist, Aachen
Spannungsoptische Untersuchungen von Turbinenschaufelfüßen

Heft 74:
Max-Planck-Institut für Eisenforschung, Düsseldorf
Versuche zur Klärung des Umwandlungsverhaltens eines sonderkarbidbildenden Chromstahls

Heft 75:
Max-Planck-Institut für Eisenforschung, Düsseldorf
Zeit-Temperatur-Umwandlungs-Schaubilder als Grundlage der Wärmebehandlung der Stähle

Heft 76:
Max-Planck-Institut für Arbeitsphysiologie, Dortmund
Arbeitstechnische und arbeitsphysiologische Rationalisierung von Mauersteinen

Heft 77:
Meteor Apparatebau Paul Schmeck G. m. b. H., Siegen
Entwicklung von Leuchtstoffröhren hoher Leistung

Heft 78:
Forschungsstelle für Acetylen, Dortmund
Über die Zustandsgleichung des gasförmigen Acetylens und das Gleichgewicht Acetylen—Aceton

Heft 79:
Techn.-Wissenschaftl. Büro für die Bastfaserindustrie, Bielefeld
Trocknung von Leinengarnen III
Spinnspulen- und Spinnkopstrocknung
Vorgang und Einwirkung auf die Garnqualität

Heft 80:
Techn.-Wissenschaftl. Büro für die Bastfaserindustrie, Bielefeld
Die Verarbeitung von Leinengarn auf Webstühlen mit und ohne Oberbau

Heft 81:
Prüf- und Forschungsinstitut für Ziegeleierzeugnisse, Essen-Kray
Die Einführung des großformatigen Einheits-Gitterziegels im Lande Nordrhein-Westfalen

Heft 82:
Vereinigte Aluminium-Werke AG., Bonn
Forschungsarbeiten auf dem Gebiet der Veredelung von Aluminium-Oberflächen

Heft 83:
Prof. Dr. S. Strugger, Münster
Über die Struktur der Proplastiden

Heft 84:
Dr. med. habil., Dr. phil. H. Baron, Düsseldorf
Über Standardisierung von Wundtextilien

Heft 85:
Textilforschungsanstalt Krefeld
Physikalische Untersuchungen an Fasern, Fäden, Garnen und Geweben:
Untersuchungen am Knickscheuergerät nach Weltzien

Heft 86:
Professor Dr.-Ing. H. Opitz, Aachen
Untersuchungen über das Fräsen von Baustahl sowie über den Einfluß des Gefüges auf die Zerspanbarkeit

Heft 87:
Gemeinschaftsausschuß Verzinken, Düsseldorf
Untersuchungen über Güte von Verzinkungen

Heft 88:
Gesellschaft für Kohlentechnik mbH., Dortmund-Eving
Oxydation von Steinkohle mit Salpetersäure

Heft 89:
Verein Deutscher Ingenieure, Gleitlagerforschung, Düsseldorf und Prof. Dr.-Ing. G. Vogelpohl, Göttingen
Versuche mit Preßstoff-Lagern für Walzwerke

Heft 90:
Forschungs-Institut der Feuerfest-Industrie, Bonn
Das Verhalten von Silikasteinen im Siemens-Martin-Ofengewölbe

Heft 91:
Forschungs-Institut der Feuerfest-Industrie, Bonn
Untersuchungen des Zusammenhangs zwischen Leistung und Kohlenverbrauch von Kammeröfen zum Brennen von feuerfesten Materialien

Heft 92:
Techn.-Wissenschaftl. Büro für die Bastfaserindustrie, Bielefeld und Laboratorium für textile Meßtechnik, M.-Gladbach
Messungen von Vorgängen am Webstuhl

Heft 93:
Prof. Dr. W. Kast, Krefeld
Spinnversuche zur Strukturerfassung künstlicher Zellulosefasern

Heft 94:
Prof. Dr. phil. habil. G. Winter, Bonn
Die Heilpflanzen des MATTHIOLUS (1611) gegen Infektionen der Harnwege und Verunreinigung der Wunden bzw. zur Förderung der Wundheilung im Lichte der Antibiotikaforschung

Heft 95:
Prof. Dr. phil. habil. G. Winter, Bonn
Untersuchungen über die flüchtigen Antibiotika aus der Kapuziner- (Tropaeolum maius) und Gartenkresse (Lepidium sativum) und ihr Verhalten im menschlichen Körper bei Aufnahme von Kapuziner- bzw. Gartenkressensalat per os

Heft 96:
Dr.-Ing. P. Koch, Dortmund
Austritt von Exoelektronen aus Metalloberflächen unter Berücksichtigung der Verwendung des Effektes für die Materialprüfung

Heft 97:
Ing. H. Stein, M.-Gladbach
Laboratorium für textile Meßtechnik
Untersuchung der Verzugsvorgänge an den Streckwerken verschiedener Spinnereimaschinen
2. Bericht: Ermittlung der Haft-Gleiteigenschaften von Faserbändern und Vorgarnen

Heft 98:
Fachverband Gesenkschmieden, Hagen
Die Arbeitsgenauigkeit beim Gesenkschmieden unter Hämmern

Heft 99:
Prof. Dr.-Ing. G. Garbotz, Aachen
Der Kraft- und Arbeitsaufwand sowie die Leistungen beim Biegen von Bewehrungsstählen in Abhängigkeit von den Abmessungen, den Formen und der Güte der Stähle (Ermittlung von Leistungsrichtlinien)

Heft 100:
Prof. Dr.-Ing. H. Opitz, Aachen
Untersuchungen von elektrischen Antrieben, Steuerungen und Regelungen an Werkzeugmaschinen

Heft 101:
Prof. Dr.-Ing. H. Opitz, Aachen
Wirtschaftlichkeitsbetrachtungen beim Außenrundschleifen

Heft 102:
Dr. phil. habil. P. Hölemann, Ing. R. Hasselmann und Ing. G. Dix, Dortmund
Untersuchungen über die thermische Zündung von explosiblen Azetylenzersetzungen in Kapillaren

Heft 103:
Prof. Dr. phil. W. Weizel, Bonn
Durchführung von experimentellen Untersuchungen über den zeitlichen Ablauf von Funken in komprimierten Edelgasen sowie zu deren mathematischen Berechnung

Heft 104:
Prof. Dr. phil. W. Weizel, Bonn
Über den Einfluß der Elektroden auf die Eigenschaften von Cadmium-Sulfid-Widerstands-Photozellen

Heft 105:
Dr.-Ing. R. Meldau, Harsewinkel/Westf.
Auswertung von Gekörn – Analysen des Musterstaubes „Flugasche Fortuna I"

Heft 106:
ORR. Dr.-Ing. W. Küch, Dortmund
Untersuchungen über die Einwirkung von feuchtigkeitsgesättigter Luft auf die Festigkeit von Leimverbindungen

Heft 107:
Prof. Dr. phil. H. Lange, Köln
Dipl.-Phys. P. St. Pütter, Köln
Über die Konstruktion von Laboratoriumsmagneten

Heft 108:
Prof. Dr. phil. W. Fuchs, Aachen
Untersuchungen über neue Beizmethoden und Beizabwässer
I. Die Entzunderung von Drähten mit Natriumhydrid
II. Die Aufbereitung von Beizabwässern

Heft 109:
Dr. phil. habil. P. Hölemann und Ing. R. Hasselmann, Dortmund
Untersuchungen über die Löslichkeit von Azetylen in verschiedenen organischen Lösungsmitteln

Heft 110:
Dr. phil. habil. P. Hölemann und Ing. R. Hasselmann, Dortmund
Untersuchungen über den Druckverlauf bei der explosiblen Zersetzung von gasförmigem Azetylen

Heft 111:
Fachverband Steinzeugindustrie, Köln
Die Entwicklung eines Gerätes zur Beschickung seitlicher Feuer von Steinzeug-Einzelkammeröfen mit festen Brennstoffen

Heft 112:
Prof. Dr.-Ing. H. Opitz, Aachen
Verschleißmessungen beim Drehen mit aktivierten Hartmetallwerkzeugen

Heft 113:
Prof. Dr. med. O. Graf, Dortmund
Erforschung der geistigen Ermüdung und nervösen Belastung: Studien über die vegetative 24-Stunden-Rhythmik in Ruhe und unter Belastung

Heft 114:
Prof. Dr. med. O. Graf, Dortmund
Studien über Fließarbeitsprobleme an einer praxisnahen Experimentieranlage

Heft 115:
Prof. Dr. med. O. Graf, Dortmund
Studium über Arbeitspausen in Betrieben bei freier und zeitgebundener Arbeit (Fließarbeit) und ihre Auswirkung auf die Leistungsfähigkeit

Heft 116:
Prof. Dr.-Ing. E. Siebel und Dr.-Ing. H. Weise, Stuttgart
Untersuchungen an einigen Problemen des Tiefziehens — I. Teil

Heft 117:
Dr.-Ing. H. Beißwänger, Stuttgart, und Dr.-Ing. S. Schwandt, Trier
Untersuchungen an einigen Problemen des Tiefziehens — II. Teil

Heft 118:
Prof. Dr. med. E. A. Müller und Dr. med. H. G. Wenzel, Dortmund
Neuartige Klima-Anlage zur Erzeugung ungleicher Luft- und Strahlungstemperaturen in einem Versuchsraum

Heft 119:
Dr.-Ing. O. Viertel, Krefeld
Wäscherei- und energietechnische Untersuchung einer Gemeinschafts-Waschanlage

Heft 120:
Dipl.-Ing. Weisbecker, Lüdenscheid
Über Anfressung an Reinstaluminium-Schweißnähten bei der elektrolytischen Oxydation
Gebr. Hörstermann GmbH., Velbert
Entwicklung und Erprobung eines neuartigen Gummibandförderers

Heft 121:
Dr. rer. nat. H. Krebs, Bonn
I. Die Struktur und die Eigenschaften der Halbmetalle
II. Die Bestimmung der Atomverteilung in amorphen Substanzen
III. Die chemische Bindung in anorganischen Festkörpern und das Entstehen metallischer Eigenschaften

Heft 122:
Prof. Dr. phil. W. Fuchs, Aachen
Untersuchungen zur Verbesserung der Wasseraufbereitung und Wasseranalyse:
Über die Schnellbewertung von Ionenaustauscher

Heft 123:
Dipl.-Ing. J. Emondts, Aachen
Über Bodenverformungen bei stark gestörtem und mächtigem, wasserführendem Deckgebirge im Aachener Steinkohlengebiet

Heft 124:
Prof. Dr. R. Seÿffert, Köln
Wege und Kosten der Distribution der Hausratwaren im Lande Nordrhein-Westfalen

Heft 125:
Prof. Dr. phil. E. Kappler, Münster
Eine neue Methode zur Bestimmung von Kondensations-Koeffizienten von Wasser

Heft 126:
Prof. Dr.-Ing. habil. J. Mathieu, Aachen
Arbeitszeitvergleich
Grundlagen, Methodik und praktische Durchführung

Heft 127:
Güteschutz Betonstein e.V.,
Arbeitskreis Nordrhein-Westfalen, Dortmund
Die Betonwaren-Gütesicherung im
Lande Nordrhein-Westfalen

Heft 128:
Prof. Dr. phil. O. Schmitz-DuMont, Bonn
Untersuchungen über Reaktionen in flüssigem Ammoniak

Heft 129:
Prof. Dr.-Ing. habil. J. Mathieu, Aachen
Dr. phil. C. A. Roos, Aachen
Die Anlernung von Industriearbeitern
I. Ergebnisse einer grundsätzlichen Untersuchung der gegenwärtigen Industriearbeiter-Kurzanlernung

Heft 130:
Prof. Dr.-Ing. habil. J. Mathieu, Aachen
Dr. phil. C. A. Roos, Aachen
Die Anlernung von Industriearbeitern
II. Beiträge zur Methodenfrage der Kurzanlernung

Heft 131:
Dr. rer. nat. W. Hoerburger, Köln
Versuche zur Biosynthese von Eiweiß aus Kohlenwasserstoff

Heft 132:
Prof. Dr. phil. nat. W. Seith, Münster
Über Diffusionserscheinungen in festen Metallen

Heft 133:
Prof. Dr. phil. E. Jenckel, Aachen
Über einen für Schwermetalle selektiven Ionenaustauscher

Heft 134:
Prof. Dr.-Ing. H. Winterhager
Über die elektrochemischen Grundlagen der Schmelzfluß-Elektrolyse von Bleisulfid in geschmolzenen Mischungen mit Bleichlorid

Heft 135:
Prof. Dr.-Ing. habil. K. Krekeler, Aachen
Dr.-Ing. H. Peukert, Aachen
Die Änderung der mechanischen Eigenschaften thermoplastischer Kunststoffe durch Warmrecken

Heft 136:
Dipl. phys. P. Pilz, Remscheid
Über spezielle Probleme der Zerkleinerungstechnik von Weichstoffen

Heft 137:
Prof. Dr. rer. nat. habil. W. Baumeister, Münster
Beiträge zur Mineralstoffernährung der Pflanzen

Heft 138:
Dr. phil. habil. P. Hölemann, Dortmund
Ing. R. Hasselmann, Dortmund
Untersuchungen über die Zersetzungswärme von gasförmigem und in Azeton gelöstem Azetylen

Heft 139:
Prof. Dr. phil. W. Fuchs, Aachen
Studien über die thermische Zersetzung der Kohle und die Kohlendestillatprodukte

Heft 140:
Dr.-Ing. G. Hausberg, Essen
Modellversuche an Zyklonen

Heft 141:
Dr. phil. J. van Calker, Münster
Dr. rer. nat. R. Wienecke, Münster
Untersuchungen über den Einfluß dritter Analysenpartner auf die spektrochemische Analyse

Heft 142:
Dipl.-Ing. G. M. F. Wiebel, Hannover
A. Konermann, Sennelager
A. Ottenheym, Sennelager
Entwicklung eines Kalksandleichtsteines

Heft 143:
Prof. Dr. phil. F. Wever, Düsseldorf
Dr. phil. A. Rose, Düsseldorf
Dipl.-Ing. W. Straßburg, Düsseldorf
Härtbarkeit und Umwandlungsverhalten der Stähle

Heft 144:
Prof. Dr. phil. H. Wurmbach, Bonn
Steuerung von Wachstum und Formbildung

Heft 145:
Dr. phil. G. Hennemann, Werdohl (Westf.)
Beitrag zur Interpretation der modernen Atomphysik

VERÖFFENTLICHUNGEN DER ARBEITSGEMEINSCHAFT FÜR FORSCHUNG DES LANDES NORDRHEIN-WESTFALEN

Im Auftrage des Ministerpräsidenten Karl Arnold
Herausgegeben von Staatssekretär Prof. Leo Brandt

Heft 1:
Prof. Dr.-Ing. Friedrich Seewald, Technische Hochschule Aachen
Neue Entwicklungen auf dem Gebiete der Antriebsmaschinen
Prof. Dr.-Ing. Friedrich A. F. Schmidt, Technische Hochschule Aachen
Technischer Stand und Zukunftsaussichten der Verbrennungsmaschinen, insbesondere der Gasturbinen
Dr.-Ing. R. Friedrich, Siemens-Schuckert-Werke A.-G., Mülheimer Werk
Möglichkeiten und Voraussetzungen der industriellen Verwertung der Gasturbine

Heft 2:
Prof. Dr.-Ing. Wolfgang Riezler, Universität Bonn
Probleme der Kernphysik
Prof. Dr. phil. Fritz Micheel, Universität Münster,
Isotope als Forschungsmittel in der Chemie und Biochemie

Heft 3:
Prof. Dr. med. Emil Lehnartz, Universität Münster
Der Chemismus der Muskelmaschine
Prof. Dr. med. Gunther Lehmann, Direktor des Max-Planck-Instituts für Arbeitsphysiologie, Dortmund
Physiologische Forschung als Voraussetzung der Bestgestaltung der menschlichen Arbeit
Prof. Dr. Heinrich Kraut, Max-Planck-Institut für Arbeitsphysiologie, Dortmund
Ernährung und Leistungsfähigkeit

Heft 4:
Prof. Dr. Franz Wever, Max-Planck-Institut für Eisenforschung, Düsseldorf
Aufgaben der Eisenforschung
Prof. Dr.-Ing. Hermann Schenck, Technische Hochschule Aachen
Entwicklungslinien des deutschen Eisenhüttenwesens
Prof. Dr.-Ing. Max Haas, Techn. Hochschule Aachen
Wirtschaftliche und technische Bedeutung der Leichtmetalle und ihre Entwicklungsmöglichkeiten

Heft 5:
Prof. Dr. med. Walter Kikuth, Medizinische Akademie Düsseldorf
Virusforschung
Prof. Dr. Rolf Danneel, Universität Bonn
Fortschritte der Krebsforschung
Prof. Dr. med. Dr. phil. W. Schulemann, Univ. Bonn
Wirtschaftliche und organisatorische Gesichtspunkte für die Verbesserung unserer Hochschulforschung

Heft 6:
Prof. Dr. Walter Weizel, Institut für theoretische Physik, Bonn
Die gegenwärtige Situation der Grundlagenforschung in der Physik
Prof. Dr. Siegfried Strugger, Universität Münster
Das Duplikantenproblem in der Biologie
Prof. Dr. Rolf Danneel, Universität Bonn
Über das Verhalten der Mitochondrien bei der Mitose der Mesenchymzellen des Hühner-Embryos
Direktor Dr. Fritz Gummert, Ruhrgas A.-G., Essen
Überlegungen zu den Faktoren Raum und Zeit im biologischen Geschehen und Möglichkeiten einer Nutzanwendung

Heft 7:
Prof. Dr.-Ing. August Götte, Technische Hochschule Aachen
Steinkohle als Rohstoff und Energiequelle
Prof. Dr. e. h. Karl Ziegler, Max-Planck-Institut für Kohlenforschung Mülheim a. d. Ruhr
Über Arbeiten des Max-Planck-Instituts für Kohlenforschung

Heft 8:
Prof. Dr.-Ing. Wilhelm Fucks, Technische Hochschule Aachen
Die Naturwissenschaft, die Technik und der Mensch
Prof. Dr. sc. pol. Walther Hoffmann, Universität Münster
Wirtschaftliche und soziologische Probleme des technischen Fortschritts

Heft 9:
Prof. Dr.-Ing. Franz Bollenrath, Technische Hochschule Aachen
Zur Entwicklung warmfester Werkstoffe
Dr. Heinrich Kaiser, Staatl. Materialprüfungsamt Dortmund
Stand spektralanalytischer Prüfverfahren und Folgerung für deutsche Verhältnisse

Heft 10:
Prof. Dr. Hans Braun, Universität Bonn
Möglichkeiten und Grenzen der Resistenzzüchtung
Prof. Dr.-Ing. Carl Heinrich Dencker, Universität Bonn
Der Weg der Landwirtschaft von der Energieautarkie zur Fremdenergie

Heft 11:
Prof. Dr.-Ing. Herwart Opitz, Technische Hochschule Aachen
Entwicklungslinien der Fertigungstechnik in der Metallbearbeitung
Prof. Dr.-Ing. Karl Krekeler, Technische Hochschule Aachen
Stand und Aussichten der schweißtechnischen Fertigungsverfahren

Heft: 12
Dr. Hermann Rathert, Mitglied des Vorstandes der Vereinigten Glanzstoff-Fabriken A.-G., Wuppertal-Elberfeld
Entwicklung auf dem Gebiet der Chemiefaser-Herstellung
Prof. Dr. Wilhelm Weltzien, Direktor der Textilforschungsanstalt Krefeld
Rohstoff und Veredlung in der Textilwirtschaft

Heft: 13
Dr.-Ing. e. h. Karl Herz, Chefingenieur im Bundesministerium für das Post- und Fernmeldewesen Frankfurt a. Main
Die technischen Entwicklungstendenzen im elektrischen Nachrichtenwesen
Ministerialdirektor Dipl.-Ing. Leo Brandt, Düsseldorf
Navigation und Luftsicherung

Heft 14:
Prof. Dr. Burckhardt Helferich, Universität Bonn
Stand der Enzymchemie und ihre Bedeutung
Prof. Dr. med. Hugo W. Knipping, Direktor der Med. Universitätsklinik Köln
Ausschnitt aus der klinischen Carcinomforschung am Beispiel des Lungenkrebses

Heft 15:
Prof. Dr. Abraham Esau, Technische Hochschule Aachen
Die Bedeutung von Wellenimpulsverfahren in Technik und Natur
Prof. Dr.-Ing. Eugen Flegler, Technische Hochschule Aachen
Die ferromagnetischen Werkstoffe in der Elektrotechnik und ihre neueste Entwicklung

Heft 16:
Prof. Dr. rer. pol. Rudolf Seyffert, Universität Köln
Die Problematik der Distribution
Prof. Dr. rer. pol. Theodor Beste, Universität Köln
Der Leistungslohn

Heft 17:
Prof. Dr.-Ing. Friedrich Seewald, Technische Hochschule Aachen
Die Flugtechnik und ihre Bedeutung für den allgemeinen technischen Fortschritt
Prof. Dr.-Ing. Edouard Houdremont, Essen
Art und Organisation der Forschung in einem Industriekonzern

Heft 18:
Prof. Dr. med. Dr. phil. W. Schulemann, Universität Bonn
Theorie und Praxis pharmakologischer Forschung
Prof. Dr. Wilhelm Groth, Direktor des Physikalisch-Chemischen Instituts, Universität Bonn
Technische Verfahren zur Isotopentrennung

Heft 19:
Dipl.-Ing. Kurt Traenckner, Stellvertr. Vorstandsmitglied der Ruhrgas-A.G., Essen
Entwicklungstendenzen der Gaserzeugung

Heft 20:
M. Zvegintzov
Wissenschaftliche Forschung und die Auswertung ihrer Ergebnisse. Ziel und Tätigkeit der National Research Development Corporation
Dr. Alexander King, Department of Scientific & Industrial Research, London
Wissenschaft und internationale Beziehungen

Heft 21:
Prof. Dr. phil. Robert Schwarz, Aachen
Wesen und Bedeutung der Silicium-Chemie
Prof. Dr. Kurt Alder, Universität Köln
Fortschritte in der Synthese von Kohlenstoffverbindungen

Heft 21 a
Jahresfeier der Arbeitsgemeinschaft für Forschung des Landes Nordrhein-Westfalen am 21. 5. 1952 in Düsseldorf mit Ansprachen des Herrn Bundespräsidenten Professor Dr. Theodor Heuss, des Herrn Ministerpräsidenten Arnold, Frau Kultusminister Teusch, der Herren Professor Dr. Hahn, Professor Dr. Strugger, Vizepräsident Dobbert, Professor Dr. Richter, Professor Dr. Fucks.

Heft 22:
Prof. Dr. Johannes von Allesch, Universität Göttingen
Die Bedeutung der Psychologie im öffentlichen Leben
Prof. Dr. med. Otto Graf, Max-Planck-Institut für Arbeitsphysiologie, Dortmund
Triebfedern menschlicher Leistung

Heft 23:
Prof. Dr. phil. Dr. jur. h. c. Bruno Kuske, Universität Köln
Probleme der Raumforschung
Prof. Dr. Dr.-Ing. e. h. Prager
Städtebau und Landesplanung

Heft 24:
Prof. Dr. Rolf Danneel, Universität Bonn
Über die Wirkungsweise der Erbfaktoren
Prof. Dr. K. Herzog, Medizinische Akademie Düsseldorf
Bewegungsbedarf der menschlichen Gliedmaßengelenke bei der Berufsarbeit

Heft 25:
Prof. Dr. O. Haxel, Heidelberg
Energiegewinnung aus Kernprozessen
Dr. Dr. Max Wolf, Düsseldorf
Gegenwartsprobleme der energiewirtschaftlichen Forschung

Heft 26:
Prof. Dr. Friedrich Becker, Universität Bonn
Ultrakurzwellen aus dem Weltraum, ein neues Forschungsgebiet der Astronomie
Dozent Dr. H. Straßl, Bonn
Bemerkenswerte Doppelsterne und das Problem der Sternentwicklung

Heft 27:
Prof. Dr. Heinrich Behnke, Universität Münster
Der Strukturwandel der Mathematik in der ersten Hälfte des 20. Jahrhunderts
Prof. Dr. E. Sperner, Bonn
Eine mathematische Analyse der Luftdruckverteilungen in großen Gebieten

Heft 28:
Prof. Dr. O. Niemczyk, Aachen
Die Problematik gebirgsmechanischer Vorgänge im Steinkohlenbergbau
Prof. Dr. W. Ahrens, Krefeld
Die Bedeutung geologischer Forschung für die Wirtschaft, besonders in Nordrhein-Westfalen

Heft 29:
Prof. Dr. B. Rensch, Münster
Das Problem der Residuen bei Lernleistungen
Prof. Dr. H. Fink, Köln
Über Leberschäden bei der Bestimmung des biologischen Wertes verschiedener Eiweiße von Mikroorganismen

Heft 30:
Prof. Dr.-Ing. F. Seewald, Aachen
Forschungen auf dem Gebiete der Aerodynamik
Prof. Dr.-Ing. K. Leist, Aachen
Forschungen in der Gasturbinentechnik

Heft 31:
Direktor Dr. F. Mietzsch, Wuppertal
Chemie und wirtschaftliche Bedeutung der Sulfonamide
Prof. Dr. G. Domagk, Wuppertal
Die experimentellen Grundlagen der Chemotherapie der bakteriellen Infektionen

Heft 32:
Prof. Dr. Hans Braun, Universität Bonn
Die Verschleppung von Pflanzenkrankheiten und -schädlingen über die Welt
Prof. Dr. Wilhelm Rudorf, Max-Planck-Institut für Züchtungsforschung, Voldagsen
Der Beitrag von Genetik und Züchtung zur Bekämpfung von Viruskrankheiten der Nutzpflanzen

Heft 33:
Prof. Dr.-Ing. V. Aschoff, Aachen
Probleme der elektroakustischen Einkanalübertragung
Prof. Dr.-Ing. H. Döring, Aachen
Erzeugung und Verstärkung von Mikrowellen

Heft 34:
Geheimrat Prof. Dr. Rudolf Schenck, Aachen
Bedingungen und Gang der Kohlenhydratsynthese im Licht
Prof. Dr. Emil Lehnartz, Universität Münster
Die Endstufen des Stoffabbaus im Organismus

Heft 35:
Prof. Dr.-Ing. H. Schenk, Aachen
Gegenwartsprobleme der Eisenindustrie in Deutschland
Prof. Dr.-Ing. E. Piwowarsky, Aachen
Gelöste und ungelöste Probleme des Gießereiwesens

Heft 36:
Prof. Dr. W. Riezler, Bonn
Teilchenbeschleuniger
Prof. Dr. med. G. Schubert, Hamburg
Anwendung neuer Strahlenquellen in der Krebstherapie

Heft 37:
Prof. Dr. F. Lotze, Münster
Probleme der Gebirgsbildung
Bergwerksdirektor Bergassessor a. D. Rauschenbach, Essen
Die Erhaltung der Förderungskapazität des Ruhrbergbaues auf lange Sicht

Heft 38:
Dr. E. C. Cherry, D. Sc., A.M.I.E.E., London
Cybernetics
Prof. Dr. E. Pietsch, Clausthal-Zellerfeld
Dokumentation und mechanisches Gedächtnis — zur Frage der Ökonomie der geistigen Arbeit

Heft 39:
Dr. H. Haase, Hamburg
Infrarot und seine technischen Anwendungen
Prof. Dr. A. Esau, Aachen
Die Bedeutung des Ultraschalls für technische Anwendungsgebiete

Heft 40:
Bergassessor F. Lange, Bochum-Hordel
Die wissenschaftliche und soziale Bedeutung der Silikose im Bergbau
Prof. Dr. W. Kikuth, Düsseldorf
Die Entstehung der Silikose und ihre Verbreitungsmaßnahmen

Heft 40a:
Prof. Dr. E. Groß, Bonn
Berufskrebs und Krebsforschung
Prof. Dr. H. W. Knipping, Köln
Die Situation der Krebsforschung vom Standpunkt der Klinik und des praktischen Arztes

Heft 41:
Dr.-Ing. G. V. Lachmann, Teddington
An einer neuen Entwicklungsschwelle im Flugzeugbau
Dr. A. Gerber, Zürich
Stand der Entwicklung der Raketen- und Lenktechnik

Heft 42:
Prof. Dr. Theodor Kraus, Köln
Lokalisationsphänomene und Raumordnung vom Standpunkt der geographischen Wissenschaft
Direktor Dr. Fritz Gummert, Essen
Vom Ernährungsversuchsfeld der Kohlenstoffbiologischen Forschungsstation Essen (Ein 6 Jahre lang

durchgeführter Versuch, einen Menschen aus dem Ertrag von 1250 qm zu ernähren).

Heft 43:
Prof. Giovanni Lampariello, Rom
Über Leben und Werk von Heinrich Hertz
Prof. Dr. Walter Weizel, Bonn
Über das Problem der Kausalität in der Physik

Heft 44:
Prof. Dr. Burckhardt Helferich, Bonn
Über Glykoside
Prof. Dr. Fritz Micheel, Münster
Kohlenhydrat-Eiweißverbindungen und ihre biochemische Bedeutung

Heft 45:
Prof. Dr. John von Neumann, Princeton/USA
Entwicklung und Ausnutzung neuerer mathematischer Maschinen
Prof. Dr. E. Stiefel, Zürich
Rechenautomaten im Dienste der Technik mit Beispielen aus dem Züricher Institut für angewandte Mathematik

Geisteswissenschaften

Heft 1:
Prof. Dr. W. Richter, Bonn,
Die Bedeutung der Geisteswissenschaften für die Bildung unserer Zeit
Prof. Dr. J. Ritter, Münster,
Die aristotelische Lehre vom Ursprung und Sinn der Theorie

Heft 2:
Prof. Dr. J. Kroll, Köln,
Elysium
Prof. Dr. G. Jachmann, Köln,
Die vierte Ekloge Vergils

Heft 3:
Prof. Dr. H. E. Stier, Münster,
Die klassische Demokratie

Heft 4:
Prof. Dr. W. Caskel, Köln,
Lihjan und Lihjanisch. Sprache und Kultur eines früharabischen Königreiches

Heft 5:
Prof. Dr. Th. Ohm, Münster,
Stammesreligionen im südlichen Tanganyika-Territorium. — Religionswissenschaftliche Ergebnisse meiner Ostafrikareise 1951

Heft 6:
Prälat Prof. Dr. G. Schreiber, Münster,
Deutsche Wissenschaftspolitik von Bismarck bis zum Atomphysiker Otto Hahn

Heft 7:
Prof. Dr. W. Holtzmann, Bonn,
Das mittelalterliche Imperium und die werdenden Nationen

Heft 8:
Prof. Dr. W. Caskel, Köln,
Die Bedeutung der Beduinen in der Geschichte der Araber

Heft 9:
Prälat Prof. Dr. Georg Schreiber, Münster
Iroschottische Motive im abendländischen Sakralraum

Heft 10:
Prof. Dr. P. Rassow, Köln,
Forschungen zur Reichsidee im 16. und 17. Jahrhundert

Heft 11:
Prof. Dr. H. E. Stier, Münster,
Roms Aufstieg zur Weltherrschaft

Heft 12:
Prof. Dr. D. K. H. Rengstorf, Münster,
Zum Problem der Gleichberechtigung zwischen Mann und Frau auf den Boden des Urchristentums
Prof. Dr. H. Conrad, Bonn,
Grundprobleme einer Reform des Familienrechts

Heft 13:
Professor Dr. Max Braubach, Bonn,
Der Weg zum 20. Juli 1944 — Ein Forschungsbericht

Heft 14:
Prof. Dr. Paul Hübinger, Münster
Das deutsch-französische Verhältnis und seine mittelalterlichen Grundlagen

Heft 15:
Prof. Dr. Franz Steinbach, Bonn,
Der geschichtliche Weg des wirtschaftenden Menschen in die soziale Freiheit und politische Verantwortung

Heft 16:
Prof. Dr. Josef Koch, Köln,
Die Ars coniecturalis des Nikolaus von Cues

Heft 17:
Dr. James B. Conant,
U.S.-Hochkommissar für Deutschland,
Staatsbürger und Wissenschaftler
Prof. Dr. D. Karl Heinrich Rengstorf, Münster,
Antike und Christentum

Heft 18:
Prof. Dr. Richard Alewyn, Köln,
Klopstocks Publikum

Heft 19:
Prof. Dr. Fritz Schalk, Köln,
Das Lächerliche in der französischen Literatur des Ancien Régime

Heft 20:
Prof. Dr. Ludwig Raiser, Bad Godesberg,
Präsident der Deutschen Forschungsgemeinschaft
Rechtsfragen der Mitbestimmung

Heft 21:
Prof. D. Martin Noth, Bonn,
Das Geschichtsverständnis der alttestamentlichen Apokalyptik

Heft 22:
Prof. Dr. Walter F. Schirmer, Bonn
Glück und Ende der Könige in Shakespeares Historien

Heft 23:
Prof. Dr. Günther Jachmann, Köln
Der homerische Schiffskatalog und die Ilias

Heft 24:
Prof. Dr. Theodor Klauser, Bonn
Die römischen Petrustraditionen im Lichte der neuen Ausgrabungen unter der Peterskirche

Heft 25:
Prof. Dr. Hans Peters, Köln
Der Grundsatz der Gewaltentrennung in heutiger Sicht

Heft 26:
Prof. Dr. Fritz Schalk, Köln
Calderon und die Mythologie

Heft 27:
Prof. Dr. Josef Kroll, Köln
Vom Leben Geflügelter Worte

Heft 28:
Prof. Dr. Thomas Ohm
Die Religionen in Asien

Heft 29:
Prof. Dr. Leo Weisgerber, Bonn
Die Ordnung der Sprache im persönlichen und öffentlichen Leben

Heft 30:
Prof. Dr. Werner Caskel, Köln
Entdeckungen in Arabien

Heft 31:
Prof. Dr. Max Braubach, Bonn
Entstehung und Entwicklung der landesgeschichtlichen Bestrebungen und historischen Vereine im Rheinland

Heft 32:
Prof. Dr. Fritz Schalk, Köln
Somnium und verwandte Wörter in den romanischen Sprachen

If you have any concerns about our products,
you can contact us on
ProductSafety@springernature.com

In case Publisher is established outside the EU,
the EU authorized representative is:
**Springer Nature Customer Service Center GmbH
Europaplatz 3, 69115 Heidelberg, Germany**

Printed by Libri Plureos GmbH
in Hamburg, Germany